图灵程序设计丛书

图解
量子计算机

[日] 宇津木健 / 著
[日] 德永裕己 / 审
胡屹 / 译

人民邮电出版社
北京

图书在版编目（CIP）数据

图解量子计算机 /（日）宇津木健著；胡屹译. --
北京：人民邮电出版社，2022.2
（图灵程序设计丛书）
ISBN 978-7-115-58325-3

Ⅰ. ①图… Ⅱ. ①字… ②胡… Ⅲ. ①量子计算机—
图解 Ⅳ. ① TP385-64

中国版本图书馆 CIP 数据核字 (2021) 第 261749 号

内 容 提 要

近年来，作为突破经典计算机极限的希望所在，量子计算机受到了人们的广泛
关注。本书运用丰富的图例，从量子计算机的基本工作原理入手，系统地为初学者
呈现了量子计算机的全貌。内容涉及量子比特、量子门、量子电路和量子算法等。
全书以图配文，深入浅出，难度介于科普书和技术书之间，易读性与专业性兼具，
无须精通量子力学和数学也能读懂，是一本不可多得的量子计算机入门佳作，旨在
引导读者迈入量子计算机世界的大门，为日后阅读各种专业图书铺平道路。

本书适合对量子计算机感兴趣，想要从整体上了解量子计算机，或今后想从事
量子计算机研发工作，但又不知从何处入手的读者阅读。

◆ 著　　　　 ［日］宇津木健
　 审　　　　 ［日］德永裕己
　 译　　　　 胡　屹
　 责任编辑　 高宇涵
　 责任印制　 周昇亮
◆ 人民邮电出版社出版发行　　 北京市丰台区成寿寺路 11 号
　 邮编　100164　 电子邮件　315@ptpress.com.cn
　 网址　https://www.ptpress.com.cn
　 北京九州迅驰传媒文化有限公司印刷
◆ 开本：880×1230　1/32
　 印张：5.75　　　　　　　　 2022 年 2 月第 1 版
　 字数：177 千字　　　　　　 2025 年 1 月北京第 8 次印刷
　 著作权合同登记号　 图字：01-2020-0428 号

定价：59.80 元
读者服务热线：(010)84084456-6009　 印装质量热线：(010)81055316
反盗版热线：(010)81055315
广告经营许可证：京东市监广登字 20170147 号

前　言

　　首先，衷心感谢您翻开这本书。本书是非物理学研究者也能读懂的量子计算机入门书，旨在引导读者迈入量子计算机世界的大门。

　　"量子计算机"一词近几年频繁出现于各类新闻中，映入非专业人士眼帘的次数也越来越多。在人们的印象中，量子计算机已然成为新一代技术的代名词，但能够面向初学者呈现量子计算机全貌的图书却很少。互联网上虽然有大量关于量子计算机的信息，但这些信息较为分散，不够系统。另外，当前有关量子计算机的新闻和评论文章中的观点往往各有侧重，导致读者很难看清量子计算机的真实情况。因此，读者难免抱有诸多疑问，如量子计算机现阶段的实用化程度如何，其工作原理是什么，有哪些运转方式，以及这些运转方式之间有何不同等。

　　不同于机器学习、物联网、虚拟现实和增强现实这些新一代技术，量子计算机理论性较强，涉及量子物理、信息论和计算机科学等基础研究，学习者很难通过实际制造和使用来加以理解。与此同时，面向大众的图书又经常采用类比的手法去解释量子性，内容大多点到为止，缺乏详细的解释，所以读者不得不去"啃"相关专著和论文。本书是一本量子计算机相关信息的指南书，难度在科普读物和论文专著之间。如果本书能为想要学习量子计算机却又无从下手的读者指引方向，笔者将荣幸之至。

宇津木健

2019 年 5 月

学习说明

　　本书全面讲解了量子计算机的相关内容，目标是使不熟悉相关术语或不具备专业知识的读者也能轻松读懂，以及在阅读与量子计算机相关的新闻时，若遇到了不理解的地方，也可以将本书作为参考资料。为实现这一目标，本书收录了若干与量子计算机有间接关系的关键词。由于本书旨在为读者日后阅读各种专业图书铺平道路，所以各章内容都不会过于深入，有些章节仅对关键词给予解释说明。希望读者能通过本书迈入量子计算机的大门，并结合书后的参考文献不断深入学习探索。

目　录

第 8 章　如何制备量子比特……147

第1章

量子计算机入门

本章会介绍量子计算机是如何由现阶段的计算机发展而来的，以及目前已实现的量子计算机该如何使用，从而帮助读者了解量子计算机的概况。

1.1 量子计算机是什么

量子计算机是一种不同于以往任何计算机的新型计算机。本书将从量子计算机的特点和定位讲起。

1.1.1 何为计算

大家可以回忆一下在小学一年级学习算术时的情景。我们先学习了 0 到 9 这 10 个数字，然后学习了加减乘除四则运算。在日常生活中，我们可以利用这些知识来清点物品的数量、规划时间或者算账。

后来我们又学会了更加复杂的计算方法，知道了计算还可以运用到产品制造、建筑设计和地球环境测量等工作中。不过，上了高中后我们开始意识到，人类的计算能力并没有那么强：对于大数运算，用笔计算 5 位数的乘法已经比较吃力了；图形计算的话，顶多算算圆形或三角形等简单图形的周长和面积；至于位数更多的数或更加复杂的图形，恐怕脑袋里就会一团糟，更是无从下手了。

好在我们可以使用计算器。计算器的种类繁多，这里姑且将所有用于计算的机器统称为计算器。我们最熟悉的计算器当属电子计算器。在电子计算器发明之前，人们使用算盘进行计算。计算器出现后，多位数的运算速度实现了大幅提升。

更复杂的计算还可以使用计算机来完成。学习带有 X 和 Y 等未知数的方程式后，我们可以在不使用具体数字的情况下列出计算公式，然后根据这些公式来编写程序。这样一来，很难通过笔算完成的复杂计算就可以交由计算机来处理了。无论是计算几千位的大数，还是计算复杂的三维图形，只要知道基本的方程式，就能借助计算机求出答案。

计算机是利用电能执行计算的机器，于 1960 年前后开始实际投入使用。它拥有超越人类的计算能力，如今已融入我们的日常生活中。图 1.1 展示了计算器的发展历程。

图 1.1 计算器的发展历程

1.1.2 计算机的极限

即使是利用电能的计算机,能力也是有限的。在过去的 60 年间,计算机不断发展,不但实现了高速计算,使用方法也变得越来越简单。然而,人类想要解决的问题也在以同样的速度变得更复杂、更烦琐。对于复杂的三维物体或具有量子力学行为的物质,就算使用当今最先进的计算机也无法轻松执行仿真计算。不可否认,有时候在计算方面,计算机仍力有未逮。近期备受关注的区块链技术正是基于这一事实产生的系统。另一门受到广泛关注的机器学习技术,同样致力于减少求解问题所花费的时间。

因此,突破当今计算机的极限就变得至关重要,人们认为世界将因此变得更加美好(图 1.2)。那么,如何才能突破计算机的极限呢? **量子计算机无疑是答案之一。**

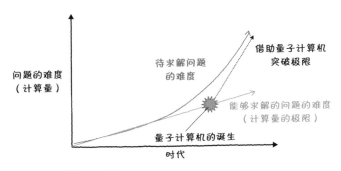

图 1.2　借助量子计算机突破极限

1.1.3　量子计算机是什么

　　目前，研究人员正在积极研发作为下一代高速计算机的量子计算机。对于现代计算机所面临的重重难题，哪怕量子计算机只能解决其中的一小部分，也会给社会带来巨大冲击。

　　首先，笔者来简单介绍一下什么是量子计算机。本书将量子计算机定义为**一种通过积极利用量子力学特有的物理状态来实现高速计算的计算机**。量子计算机中的"量子"（quantum）正是量子力学中的"量子"。量子力学是在大学阶段开设的一门课程。作为物理学的分支之一，它是为了解释原子和电子等极小物质的运动而发展起来的理论。量子力学告诉我们，在原子、电子和光子（光的粒子）等极小的物质，以及超导物质等冷却至极低温度的物质上会发生不同寻常的神秘现象，而这些现象是可以通过实验证实的。例如，研究人员已经实现了叠加态和量子纠缠态等量子力学所特有的物理状态（相关内容会在后面的章节讲解）。那么，为什么不积极利用这些特有的物理状态来制造计算机呢？正是基于这一想法，量子计算机诞生了。量子计算机能够执行远超传统计算机计算能力的**量子计算**。随着研究的深入，与传统计算之间存在本质差别的**量子计算**的潜力渐渐显露出来。量子计算机的研发，即研发出一种能够通过精确控制量子来突破传统计算机极限的量子计算机，成了物理学和工程学上的一大挑战（图 1.3）。

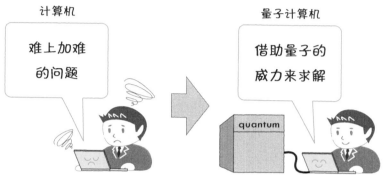

图 1.3　什么是量子计算机

1.1.4　量子计算机与经典计算机

下面，我们总结一下量子计算机和普通计算机之间的区别。首先，计算可以大致分为两类：一类是基于同为物理学分支之一的经典物理学的**经典计算**，另一类就是基于量子力学（这里也可以说是量子物理学，本书后文将统一使用"量子力学"一词）的**量子计算**。

我们在初中和高中的物理课上学过物体的运动、力的作用和电磁场的特性等知识，这些都属于经典物理学的研究范畴。量子力学的研究内容则包括原子和电子的性质等，这些要在大学的某些专业课上才会学到。我们可以认为，经典计算和量子计算分别对应于这两种物理学。笔者会从第 3 章开始介绍二者的区别。本书中，我们把执行量子计算的设备称为量子计算机，把执行经典计算的设备，也就是那些常见的普通计算机称为经典计算机。

量子计算向下兼容经典计算，这就意味着任何可以用经典计算机求解的问题都可以用量子计算机求解。对应到物理学上，这就等同于任何可以由经典力学处理的现象（原则上）都可以由量子力学处理（即经典物理学是量子力学的近似）。

　　此外，人们已经发现，有时借助量子计算机可以快速求解经典计算机难以求解的问题。这一现象对应到物理学上就是量子力学甚至可以处理经典物理学无法处理的现象（图 1.4）。

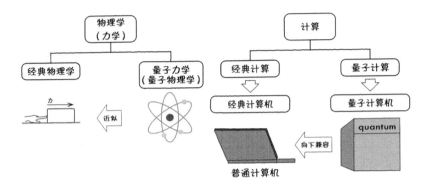

图 1.4　物理学与计算之间的对应关系

　　量子计算机目前还没有公认的定义。本书对量子计算机的定义如上一页的图 1.3 所示。需要注意的是，虽然普通计算机的运转同样离不开利用了量子力学现象的半导体设备（如晶体管和闪存等），但在其上执行的计算其实还是对应于经典物理学的经典计算。我们需要明确"用于实现的物理现象"与"能够实际执行的计算"之间的区别，仅仅使用了可由量子力学解释的现象并不意味着可以执行量子计算。但是，要想执行量子计算，则需要精确控制可由量子力学解释的现象，并实现所谓的"量子力学特有的物理状态"这一特殊状态。

1.1.5　量子计算机的类型

　　本书将量子计算机分为以下三种类型（图 1.5）。

◉通用量子计算机

　　通用量子计算机可以执行任意的量子计算。解释得更详细一点，就是通用量子计算机能够以足够高的精度将一种任意的量子态转换为另一种任意的量子态。所谓任意的量子态，是指任意多个量子比特（也称为量子位）的状态。若一种量子计算机能以足够高的精度——之所以这么说，是因为 100% 转化很困难——将任意的量子态转换为期望的状态，我们就可以把这种量子计算机称为通用量子计算机。另外，量子比特的数量增加后，所要执行的转换也会变得越来越复杂，噪声的影响也会变大，因此量子计算机必须能够纠正计算过程中出现的错误（具备容错能力）。能够容错的量子计算机称为"具备容错能力的量子计算机"。

◉非通用量子计算机

　　非通用量子计算机无法执行任意的量子计算，即只能执行部分量子计算，但它也表现出了优于经典计算机的一面。

　　名为 NISQ（Noisy Intermediate-Scale Quantum，嘈杂中型量子）的量子计算机就属于此类。这类量子计算机目前正处于研发阶段，尚不具备容错能力（或容错能力较弱）。具体内容会在 1.2.6 节介绍。

◉非经典计算机

　　非经典计算机使用（或旨在使用）量子力学特有的物理状态执行计算，但尚未表现出优于经典计算机的一面。目前正在研发的量子退火计算机就属于此类。

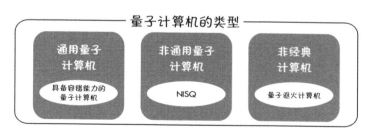

图 1.5　量子计算机的类型

　　表 1.1 总结了上述三种量子计算机的特点。本书将这三种计算机统称为广义量子计算机，并就此展开详细讲解。

　　从表中可以看出，广义量子计算机与经典计算机的不同之处，在于计算时是否使用了量子力学特有的物理状态；而对于同属广义量子计算机的非通用量子计算机和非经典计算机，二者之间的区别体现在计算性能方面，即是否存在超越经典计算的量子优势；最后，非通用量子计算机与通用量子计算机之间的区别，在于量子计算是否具有通用性。

表 1.1 量子计算机的类型和特点

类 型		通用性 （具备容错能力）	量子优势	量子力学特有的 物理状态
广义量子计算机	通用量子计算机	O	O	O
	非通用量子计算机	X	O	O
	非经典计算机	X	X	O
经典计算机	经典计算机	X	X	X

1.1.6 量子计算模型的类型

上一小节从硬件角度介绍了量子计算机的分类。此外，计算也有类型之分——本书将量子计算模型分为通用型和专用型两类。这里所说的计算模型是指描述计算执行方式的模型。

◉ 通用型

通用型模型可以描述所有量子计算。量子电路模型就是一种典型的通用型模型。除此以外，还有多种在计算量上等效的模型尚处于研究阶段，比如基于测量的量子计算、绝热量子计算和拓扑量子计算等（请参考 6.5 节专栏）。笔者会在后面的章节中就量子电路模型展开详细讲解。

· 量子电路模型

该模型在执行计算时使用的是量子电路和量子门，二者取代了经典计算机中使用的电路和逻辑门（logic gate）。[①]

该模型自量子计算机研究之初沿用至今，是能够描述通用量子计算的最标准的模型（图 1.6）。

---

① 因此该模型也常被称为量子门方式。

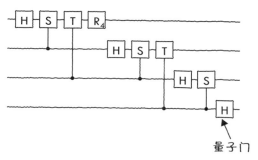

图 1.6 量子电路模型

◉ 专用型

专用型模型可以描述特定的计算。本书将会讲解一种名为量子退火的计算模型，它是专门用于计算伊辛模型基态（第 7 章）的计算模型，解决问题的方式是将问题映射到伊辛模型（图 1.7）。

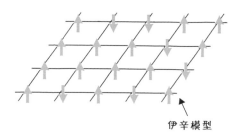

图 1.7 伊辛模型

· 量子退火

2011 年，一家名为 D-Wave Systems 的加拿大风险投资公司将量子退火商业化。Google 和 NASA（National Aeronautics and Space Administration，美国国家航空航天局）也参与了相关研究，使得量子退火声名鹊起。东京工业大学的西森秀稔教授团队和麻省理工学院的爱德华·法尔希（Edward Farhi）团队先后提出了量子退火（门胁和西森，1998）和量子绝热计算（法尔希等，2001），这两种理论上的计算模型形成了量子退火的基础。基于这两种计算模型，人们就可以使用专为量子退火设计的机器——量子退火计算机来执行计算。

1.2 量子计算机的基础

相信大家已经对量子计算机有了大致印象，接下来我们看一下量子计算机的工作机制。本节仅介绍操作流程和实际使用时的概况，并不涉及具体的内部操作。

1.2.1 量子计算机的操作流程

首先来看量子计算机的基本操作流程。图 1.8 展示的基本操作既可用于量子电路模型，也可用于量子退火。下面，笔者就按这三步来说明在量子计算机上执行计算的方法。

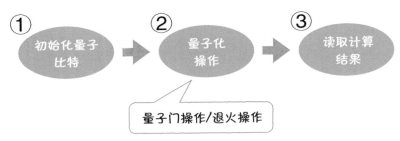

图 1.8　量子计算机的基本操作

◉步骤一：初始化量子比特

量子比特是量子计算机中最小的计算单位，是经典计算机中"比特"这一基本概念的量子版本。量子计算机通常会使用通过物理手段制备的量子比特来执行计算。因此，在计算前要先制备并初始化量子比特（图 1.9）。

量子比特

图 1.9　初始化量子比特

◉步骤二：量子化操作

要想实现计算，量子计算机还要对通过物理手段制备好的量子比特进行**量子化操作**（图 1.10）。具体来说，操作量子比特的方法在量子电路模型中称为量子门操作，在量子退火中称为退火操作。

量子化操作

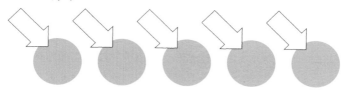

图 1.10 量子化操作

◉步骤三：读取计算结果

最后，为了获取计算结果，我们需要测量量子比特的状态（量子态），从中读取计算结果的信息（图 1.11）。量子态十分脆弱，在计算过程中，也就是量子化操作执行时，任何多余的测量都会破坏量子态，导致计算结果出错。因此，我们只能在必要的时候小心地对其进行测量。

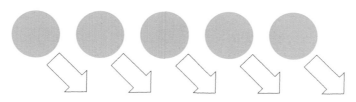

读取计算结果

图 1.11 读取计算结果

至此，我们通过以上三个步骤在量子计算机上完成了一次计算。

1.2.2 量子计算机的研发路线图

图 1.12 是量子计算机的研发路线图。大致的研发过程是先突破经典

计算机的极限，再向着实现量子计算机的方向前进。这个研发过程中间还有几个过渡阶段。截至目前，某些介于经典计算机和量子计算机之间的设备已经问世，某些设备还在研究当中。本节，笔者将沿此研究路线图介绍量子计算机的各个研发阶段。大家可以以此为参考，了解每种量子计算机的定位。

　　首先，在经典计算机普及之后，研究人员又开始研发一种能够充分利用量子性的设备。这种设备可称为非经典计算机，量子退火计算机就是其中的一种。这一阶段可谓是尝试在计算过程中引入量子性的初期阶段。接下来，是证明了经典计算机的计算能力可以被超越的非通用量子计算机阶段。量子计算机能够高效执行经典计算机难以执行的计算（相较于经典计算机存在优势），这一现象被称为量子霸权（量子优越性）。当前正在研发的量子设备是否能够实现量子霸权是目前的焦点。处于这个阶段的量子计算机尚不具备成熟的容错能力，也无法执行通用的量子计算。因此，只有完善了容错能力，才能实现最终目标——研发出通用量子计算机。据说通用量子计算机至少还需要 20 年的时间才能研发出来。不过，当前准备阶段的研发工作正在稳步进行，量子退火计算机和名为 NISQ（后面会讲解）的设备已经问世。接下来，笔者将围绕这一过程详细讲解各个阶段。

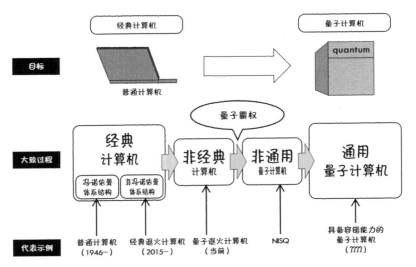

图 1.12　实现通用量子计算机的过程

1.2.3 从冯·诺依曼计算机到非冯·诺依曼计算机

下面，笔者按照图 1.12 所示的顺序依次讲解量子计算机的各个研发阶段。首先来介绍一下经典计算机的最新研发动向。为了突破传统计算机的极限，进一步发展经典计算机，研究人员开始研发新型计算机——非冯·诺依曼计算机。大多数普通计算机（冯·诺依曼计算机）采用的是"CPU+内存"的基本配置，脱离了这种结构的计算机就称为非冯·诺依曼计算机。虽然非冯·诺依曼计算机仍属于经典计算机的范畴，但它的计算机制与普通计算机的并不相同，可以快速求解某些特定问题。

术语讲解

冯·诺依曼计算机

冯·诺依曼计算机的体系结构是当今普及度最高的标准计算机体系结构，因天才数学家约翰·冯·诺依曼（John Von Neumann）（图 1.13）于 1945 年发表的一份报告而闻名于世。冯·诺依曼计算机属于程序存储计算机（stored-program computer），由 CPU、内存和连接二者的总线构成。

关于该体系结构的起源还有其他说法。例如，也有人说该体系结构实际上是由约翰·普雷斯伯·埃克特（John Presper Eckert）和约翰·威廉·莫奇利（John William Mauchly）发明的，而诺依曼是用数学方法使其得到了发展。

图 1.13　约翰·冯·诺依曼

作为一种可以快速求解特定问题的机器，非冯·诺依曼计算机在大多数情况下是为解决某些特定问题而设计的，目的是以比冯·诺依曼计算机更快的速度和更低的功耗完成计算。例如，专门用于大量矩阵计算的芯片和专门用于机器学习中某些处理的芯片就属于此类。目前，名为神经形态芯片（neuromorphic chip）的能够模拟神经网络的电路，使用 GPU（Graphics Processing Unit，图形处理器）提升计算速度的系统和使用了 FPGA（Field Programmable Gate Array，现场可编程门阵列）的系统均已问世，甚至有些技术已经应用到了智能手机等设备中。我们正在不知不觉中享受着这些技术成果带来的便利。

量子计算机姑且可以算作一种非冯·诺依曼计算机[①]，但是从本质上来说，使用 GPU 或 FPGA 等芯片执行的经典计算，还是不同于使用量子性执行的量子计算。

1.2.4 非经典计算机

本书将以实现量子计算为目标，但尚处于研发阶段的计算机称为非经典计算机。我们很难就计算机是否在执行真正的量子计算这一问题给出答案。也就是说，我们很难回答在某台计算机上执行的计算是否能够超越经典计算。这是因为在给出答案前，还需要开展大量的研发工作，比如收集大量实验数据，构建理论体系，并在此基础上反复改良等。这些工作需要持续较长的一段时间，因此在本书中，我们将处于该阶段的计算机统称为非经典计算机。

非经典计算机的目标是使用基于量子性的设备执行量子计算。当前的量子退火计算机和含有少量量子比特的原型机都属于非经典计算机。这些设备现在还处于研发阶段，相较于经典计算，尚未展现出更出色的计算性能。那么，如何证实一台设备拥有超越经典计算的计算能力呢？答案是量子霸权。

---

① 冯·诺依曼体系结构是经典计算机领域的术语，并不涉及量子计算机。不过，由于量子计算机在实现时可能会采用类似于冯·诺依曼计算机的体系结构，即存储单元和运算单元分离的体系结构，所以这里说"姑且"。

术语讲解

量子霸权（量子优越性）

量子霸权是指量子计算机能够体现出相较于经典计算机的优越性。当前研发量子计算机的目标是证明"量子计算机可以高效地执行经典计算机难以执行的计算"，各公司都在努力通过实验证实量子霸权。不过，并不是只有在实际任务中进行计算才能证实这一点，我们也可以通过模拟随机量子电路等特殊计算任务来达到验证的目的（图1.14）。

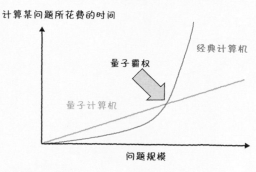

图 1.14　量子霸权

1.2.5　非通用量子计算机

量子霸权一经证实，量子计算机的研发就会步入一个全新的阶段。这一阶段的量子计算机不具备可扩展性和容错能力，距离通用量子计算机还有一段距离，本书中称之为非通用量子计算机。如果能够创建出具备50~100个高精度量子比特的量子计算机，就有可能在一定程度上突破经典计算机的极限，实现非通用量子计算机（能够在非通用计算机上执行经典计算机难以执行的计算，量子霸权得到证实）。但是，这种非通用量子计算机在实用问题的计算能力上不一定能远超经典计算机。因此，在非通用量子计算机上发掘出有实用价值的算法就变得尤为重要。像这样，量子计算机通过有实用价值的计算在性能上超越经典计算机的现象称为**量子加速**或**量子优势**。量子霸权从学术意义上体现了量子计算机的优势，而量子加速或量子优势则从实用价值的角度体现了量子计算机的优势。

║║ 术语讲解

量子加速（量子优势）

量子加速（量子优势）是指量子计算机通过实际计算体现出相较于经典计算机的优越性（图 1.15）。为此，我们需要证明，对于同一个计算任务，量子计算机的速度要比当今最先进的经典计算机（例如超级计算机）的速度还要快。当然，比较的前提是超级计算机使用了能够最快完成该任务的算法。人们正盼望着量子加速能够在机器学习、量子化学计算和组合优化问题等领域大显身手。

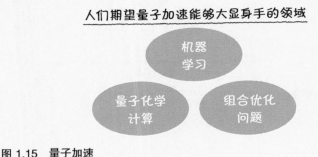

图 1.15 量子加速

1.2.6 NISQ

目前，一种名为 NISQ 的非通用量子计算机正在兴起。我们平时使用的经典计算机之所以不会因噪声而出现计算错误，是因为 CPU 和内存不仅制作精良，在处理数据的过程中还能自动纠错，具有极强的抗噪能力，计算机在正常使用期间几乎不可能受到噪声的干扰。

不过，目前陆续诞生的非通用量子计算机很容易受到噪声的干扰。例如，当下研发热度最高的超导量子计算机在执行量子门操作和量子比特测量等量子操作时，会出现 0.1%～10% 的误差，而且几乎不具备纠错功能。虽然研究人员正在积极研究量子计算机的纠错技术，但实现起来绝非易事。于是，NISQ 开始引起人们的关注。

◉嘈杂中型量子计算机——NISQ

NISQ 一词源于加州理工学院量子计算机领域的权威人士约翰·普瑞斯基尔（John Preskill）于 2017 年 12 月发表的演讲。该演讲的主题为 Quantum Computing in the NISQ era and beyond（NISQ 时代及后 NISQ 时代的量子计算）。NISQ 是 Noisy Intermediate-Scale Quantum (computer) 的首字母缩写，可译为"嘈杂中型量子（计算机）"（中型指具备 50～100 个量子比特），它的示意图如图 1.16 所示。在未来几年内，NISQ 将会成为采用了量子电路模型的量子计算机的代名词。目前我们尚不清楚 NISQ 能否实现量子加速。

尽管如此，有关使用 NISQ 实现量子加速的算法研究还是在如火如荼地进行着。

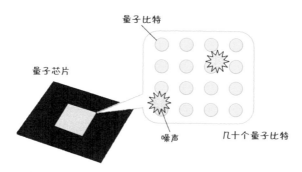

量子比特

量子芯片

噪声　　　几十个量子比特

图 1.16　NISQ 的示意图

1.2.7　通用量子计算机

通用量子计算机是指既具有数量充足的量子比特，又具备可伸缩性和容错能力，且可以执行任意量子算法的量子计算机。笔者认为，通用量子计算机可以说是人类在科学技术方面的终极目标之一。之所以这么说，是因为使用更普遍的量子力学本身,而非近似于量子力学的经典物理学来执行计算,可以使以往效率低下的计算变得高效,这无疑会带来崭新的、目前的经典计算机触碰不到的可能性。

研究人员认为,在前述 NISQ 等非通用量子计算机的基础上,通过大幅提升量子比特的数量和精度,实现纠错功能(使之具备容错能力)就可以实现通用量子计算机(图 1.17)。然而,这对技术的要求非常高,从现有的技术水平来看,相关研究仍停留在纠错功能的早期实验阶段。

目前,人们发现 Shor 算法和 Grover 算法(将在后面的章节讲解)等量子算法远比经典计算机上的算法要强大。Shor 算法能够破解密码,Grover 算法具有快速求解复杂搜索问题的潜力。除此以外,通用量子计算机的应用领域预计在日后还能得到大幅扩展。

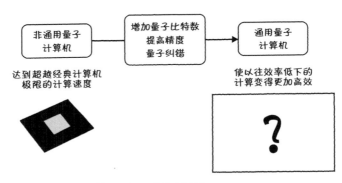

图 1.17 从非通用量子计算机到通用量子计算机

1.3 量子计算机的未来

经典计算机的种类繁多。从超级计算机这种大型计算机到台式机、笔记本式计算机、智能手机、可穿戴设备等小型计算机，都属于经典计算机。我们可以根据用途，从中挑选最合适的使用。那么，我们又该如何使用量子计算机呢？

1.3.1 量子计算机的现状

目前，量子计算机的研发处于前面所说的非经典计算机的阶段，一些设备正在通过云端进行试用，并且已经有几家公司正在搭建可试用非经典计算机的环境。不过，目前我们可以使用的功能非常有限，还没有哪台量子计算机能够突破经典计算机的极限，达到具有一定实用性的水准。

例如，IBM Q 是由 IBM 推出的能够在云上使用的量子计算机，目前已经可以使用 5 个量子比特的量子电路模型和 16 个量子比特的量子电路模型来执行计算（图 1.18，截至 2019 年 5 月）[①]。不过，这样的计算能力使用普通的经典计算机（如个人计算机）同样可以实现。

也就是说，具备 5 个量子比特的量子计算机虽然可以归到上述非经典计算机中，但它并没有太大的实用性。如果是实现了 50 个量子比特的量子计算机和 100 个量子比特的量子计算机，那就另当别论了。因此，为了实现性能更高的量子计算机，研究人员正在加紧研发。由于计算量过于庞大，所以即使是当今性能最好的超级计算机，也很难对具备约 50 个高精度量子比特的量子计算机所执行的计算进行模拟。由此可见，量子计算机只有达到了这个等级才能实现量子霸权。

---

① 还提供了可使用 20 个量子比特的付费服务。

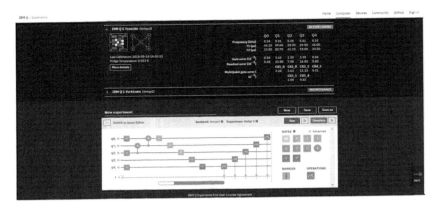

图 1.18　IBM 推出的量子计算机 IBM Q

1.3.2　量子计算机的使用方法

　　我们试着展望未来，想象一下非通用量子计算机和量子加速已经实现的情景。到那时，量子计算机将解决经典计算机难以解决的问题，并成为系统的一部分。请注意，这里说的是量子计算机将被集成到系统中。现阶段，人们普遍认为量子计算机属于专用机器。也就是说，量子计算机仅是一种用于"快速求解某些特定问题"的机器。从理论上来讲，量子电路模型可以描述通用的量子计算，任何能够由经典计算机完成的计算，同样可以由量子计算机来完成；但实际上，考虑到成本，人们只是暂时使用量子计算机来辅助经典计算机。因此，我们暂时不考虑家家都有量子计算机，或是智能手机上集成了量子计算机等情况。

　　由超导电路构成的量子计算机如图 1.19 所示。这类量子计算机不仅需要使用一种名为稀释制冷机的大型冷却装置，还需要用到大量的控制装置。我们暂时可以通过云服务来使用这类量子计算机。

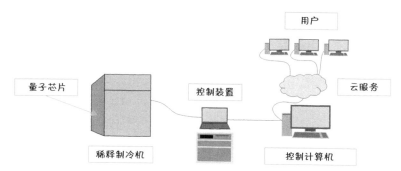

图 1.19 由超导电路构成的量子计算机的示意图

1.3.3 展望未来的计算环境

  在本章的最后，我们再来展望一下未来的计算环境。在笔者眼中，十年后的计算机的结构将如图 1.20 所示。首先，我们会通过无线局域网等方式将身边的个人计算机、智能手机、可穿戴设备（如智能手表和头戴式显示器）和智能家电等设备接入云，与云上的经典计算机相连。这些设备统称为用户界面。当需要执行计算时，我们只要在这些用户界面上操作即可。这样一来，简单的计算或对处理速度有一定要求的计算可直接在这些设备上执行，复杂的计算或需要与数据库交互的计算则放到云端的经典计算机上执行。云端上的经典计算机是通用计算机，可以完成规模适中的计算，但对于复杂的计算或大规模的计算，就需要使用其他更擅长计算的计算机来执行了。例如，矩阵计算就交给专门用于矩阵计算的机器，图像处理就交给专门用于图像处理的机器，机器学习就交给专门用于机器学习的机器，等等。量子计算机就是这些专用机器中的一员，专门用来处理它所擅长的问题。

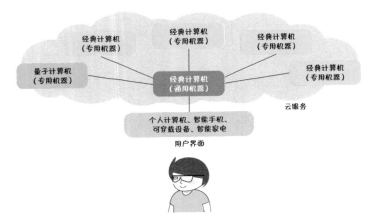

图 1.20 十年后的计算机

当然，这只不过是笔者的想象，这里想要传达的观点是人们会以上述方式同时使用量子计算机和经典计算机。

假设随着科技的发展，我们最终步入一个能够轻松使用量子计算机的时代。可即便如此，量子计算机恐怕也无法完全取代经典计算机。之所以这么说，是因为我们必须通过经典计算机来控制量子计算机。要想制造量子计算机，就必须制造出一种不会破坏量子性的装置，但量子性极其脆弱，控制它需要许多设备，如电子设备、光学设备和测量设备等。这些控制设备都内置了经典计算机，所以说经典计算机对制造量子计算机而言是必不可少的。不管量子计算机进化到何种程度，经典计算机都不会消失。总之，我们的目标是通过二者的有机结合来提升计算速度（图 1.21）。

图 1.21 经典与量子的有机结合

专 栏

量子计算机的诞生之路

量子计算机的诞生凝结着众多物理学家的研究成果,下面笔者就来介绍其中几位代表人物(图 1.22)。在最早一批提出现在这种量子计算机的论文中,有一篇是由牛津大学的戴维·多伊奇(David Deutsch)于 1985 年撰写的论文[1]。当时,有一批物理学家和计算机科学家对计算与物理学之间的关系很感兴趣。例如,在 IBM 研究实验室工作的罗尔夫·兰道尔(Rolf Landauer)就提出了"至少需要多少能量才能执行计算"的问题,并于 1961 年提出了兰道尔原理。兰道尔原理指出,在擦除存储器中的信息时,热力学上的熵会增加。这阐明了热力学与计算之间的关系,即只要擦除存储器中的信息,就会产生热量并消耗能量。此外,同样就职于 IBM 的查尔斯·本内特(Charles H. Bennett)与兰道尔一起于 1982 年指出计算本身可以在不消耗能量的情况下进行,并提出了无须消耗能量的可逆计算(量子计算的特性之一)。

在无须消耗能量也能进行计算(前提是在不擦除存储器内信息的情况下使用可逆计算)的物理法则被发现之后,多伊奇意识到先前的计算都是立足于经典物理学的[2]。他认为需要以更加精确的物理学,即量子力学为基础执行计算,并于 1985 年撰写了前面提到的第一篇有关量子计算机的论文。不过,这篇论文并没有表明借助量子计算机能够大幅加快求解某些问题的速度,甚至得出了量子计算机与经典计算机在平均计算时间上没有显著差异的结论。理查德·约萨(Richard Jozsa)注意到了这一点,并与多伊奇一同发现了多伊奇 – 约萨算法。这是首个证明量子计算机优于经典计算机的量子算法。随后,彼得·秀尔(Peter Shor)于 1995 年提出了 Shor 算法。量子计算一夜之间成为人们关注的焦点。

---

[1] 保罗·贝尼奥夫(Paul Benioff)和尤里·马宁(Yuri Manin)在此之前就提出过量子计算机的概念,但是现在普遍认为作为量子计算机原型的理论是由戴维·多伊奇提出的。

[2] 据说契机是在一次有关计算物理的研究会上与查尔斯·本内特进行的讨论。

　　理查德·费曼（Richard Feynman）是一位著名的科学家，人称"量子计算机之父"。他在 1982 年指出了研发遵循量子力学规律的计算机的必要性。在一次演讲中，他提出为了模拟遵循量子力学规律的现象，我们需要使用一种遵循量子力学规律的量子计算机。这被认为是量子计算机发展的开端。

　　本书书末列出了关于量子计算机诞生过程的参考文献，以供各位参考。

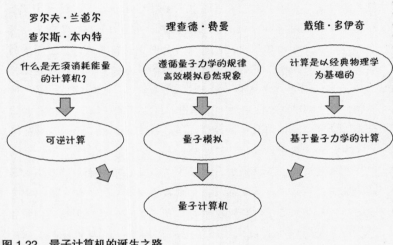

图 1.22　量子计算机的诞生之路

第2章

对量子计算机的展望

　　大致了解量子计算机之后，我们再来具体看一看量子计算机能够在哪些问题上大显身手。上一章提到过，将量子计算机集成到经典计算机的系统中，量子计算机就能接替经典计算机处理棘手的问题。那么，对于经典计算机来说，都有哪些棘手的问题呢？

2.1 经典计算机面临的棘手问题

大家平常使用计算机时，想必很少会遇到难题无法求解，或是计算无法完成之类的情况，但在大规模的模拟、加密和最优化等领域，有许多问题是经典计算机无法求解的。本节，我们就来看一看都有哪些无法求解（棘手）的问题。

2.1.1 可在多项式时间内求解的问题

首先，这里所说的经典计算机面临的棘手问题通常是指**在多项式时间内无法求解**的问题。请看图 2.1。

不管什么样的问题都少不了输入，从程序的角度来看就是**参数**。可解问题就是相对于输入（参数）的数量（输入的数据个数），需要计算的次数没有急剧增多的问题。例如，对于"从输入的一组数字中找出最大的数字"这个问题，在输入了 6 个数字的情况下，程序逐一对比大小后，大约计算 6 次可得到解；在输入了 10 个数字的情况下，程序大约需要计算 10 次；在输入了 100 个数字的情况下，程序大约需要计算 100 次。也就是说，对于"求最大值"这类问题，若输入了 N 个数字，程序大约需要计算 N 次。

此外，针对"求输入数字的总和"这一问题，程序需要计算 N 次，而对于"从输入的一组数字中找出余数最大的一对数字"这个问题，则可以像循环赛那样，分别计算每对数字的余数，这样只需要计算大概 N^2 次。我们身边大多是这种只要用 N^k（k 是整数）这样的多项式即可估算出计算次数的问题。像这类需要计算大概 N^k 次的问题，由于可以用关于 N 的多项式估算出计算时间，所以我们通常称之为**可在多项式时间内求解的问题**。

〈可解问题〉

图 2.1　可解问题的示意图

2.1.2　在多项式时间内无法求解的问题

下面，我们来看一下都有哪些问题属于在多项式时间内无法求解的问题。例如，对于"从输入的一组数字中，找出乘积最接近 40 的数字组合"这个问题，我们该如何求解呢？通常的解法是将所有输入数字的组合都列出来，逐一计算各种组合的乘积，再从中找出乘积最接近 40 的组合。如果输入了 6 个数字，则有 2^6=64 种组合。也就是说，我们需要进行 64 次乘法运算才能找出乘积最接近 40 的组合。按照这种解法，当输入 10 个数字时，需要进行 2^{10}=1024 次乘法运算；当输入 20 个数字时，需要进行 2^{20}=1 048 576 次乘法运算；当输入 30 个数字时，需要进行 2^{30}=1 073 741 824 次乘法运算。可见，乘法运算的次数急剧增加（图 2.2）。

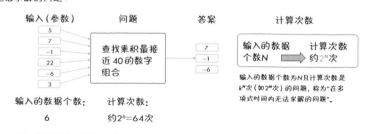

〈无法求解的问题〉

图 2.2　无法求解的问题的示意图

当输入的数据个数为 N 时，计算次数大约为 k^N（k 是整数）。也就是说，随着 N 的增加，计算次数呈指数增长（需要指数时间）。我们将具有这种可能性的问题称为**在多项式时间内无法求解的问题**，也就是**经典计算机面临的棘手问题**。我们期待量子计算机能够在此类问题上大显身手。图 2.3 展示了输入的数据个数为 N 时的计算量（计算次数）。计算次数通常用大 O 符号（反映了量级）表示。对比关于 N 的多项式时间和指数时间，我们可以看出，随着 N 的增加，计算次数呈现出显著差异。

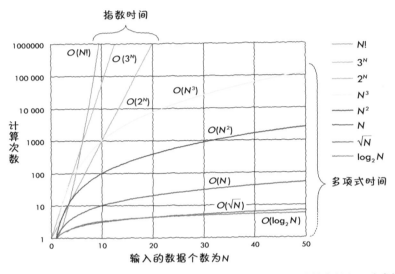

图 2.3　当输入的数据个数（参数数量）为 N 时，可解问题的计算次数和无法求解的问题的计算次数（O 用于表示计算次数的量级）

2.2 ‖ 量子计算机可以大显身手的问题

下面，我们来看一下量子计算机可以在什么样的问题上大显身手，以及人们希望量子计算机达到什么样的效果。

2.2.1 哪些问题可以让量子计算机大显身手

组合优化问题、通过分解质因数破解密码、量子化学计算、机器学习和复杂物理现象的模拟等问题，都是经典计算机面临的棘手问题，而其中一些问题恰好是量子计算机所擅长的。我们需要注意，对于经典计算机面临的棘手问题，量子计算机可以提升其中部分问题的求解速度，但并不能将这些问题全部解决（图 2.4）。即使是量子计算机，也会面临许多难以求解的问题。世界各地的研究人员正在研究能够体现量子计算机实用价值的量子算法，后面笔者会对此进行详细介绍。

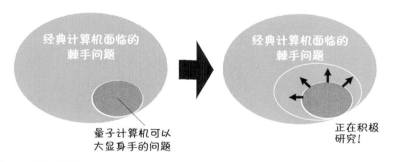

图 2.4 量子计算机可以大显身手的问题

2.2.2 对效果的展望

首先，介绍一下人们期待量子电路模型和量子退火在不远的未来能达到什么样的效果。

◉量子电路模型

当前，世界各地的企业和研究机构都在积极研发采用量子电路模型的量子计算机。特别是对于具有几十个到几百个量子比特的量子计算机，相关的研发工作正在加速推进。人们期待这种量子计算机能够应用于量子化学计算和机器学习。

量子化学计算广泛用于药物研发和新材料的研发。在研发新药或高性能材料时，如果能重复进行实验，甚至能通过计算来预测实验结果，那么研发时间必将缩短，研发效率会得到提升；但是，要想进行高精度的量子化学计算，就需要尽可能精确地计算量子力学方程式，而这在经典计算机上会产生大量计算。为了发挥出量子计算机能够高效执行大量计算的潜力，研究人员正在积极研究相关的量子算法。

量子计算机还有望在机器学习领域大显身手（图 2.5）。对当前大受欢迎的机器学习来说，庞大的计算量仍是亟待解决的问题。目前，研究人员正在积极研究一种名为量子机器学习的量子算法，以使用量子计算机为机器学习赋能。

量子电路模型能够大显身手的领域

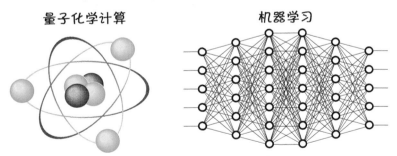

量子化学计算　　　　　　　　机器学习

图 2.5　量子计算机（量子电路模型）能够大显身手的领域

◉量子退火

D-Wave Systems 公司率先实现了 2000 个量子比特的量子退火计算机。单从量子比特的数量来看，量子退火的研究进展似乎要比量子电路模型快很多。不过，相较于目前量子电路模型所使用的量子比特，D-Wave Systems 公司的量子退火所使用的量子比特在保持量子性的时间，即相干时间上不具有优势，也就是量子比特的寿命较短。它的优势就在于可以相对轻松地实现大规模的量子比特数。

2000 个量子比特的量子退火计算机足以求解小规模的组合优化问题。组合优化问题，就是从众多候选组合中找出最佳组合的问题。我们经常会遇到这类问题，例如通过寻找最短物流路径来降低运输成本，缓解交通拥堵。这类问题既是社会关注的重点问题，又是难以借助经典计算机高效求出高精度的解的问题，因此人们才希望能通过量子退火来得出精度更高的解。此外，研究人员正在研究量子退火在机器学习方面的应用（图 2.6）。

量子退火能够大显身手的领域

组合优化问题　　　　　　　机器学习（采样）

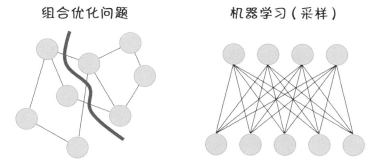

图 2.6　量子退火能够大显身手的领域

目前，利用量子退火计算机的特性并将其应用到机器学习，特别是采样环节中的研究也在向前推进。

现阶段的 2000 个量子比特仅能处理小规模的问题，可一旦未来诞生的量子退火计算机具备更多量子比特，拥有更长的相干时间，在量子比特间的连接和控制精度上能更上一层楼，其应用范围必将更加广泛（图 2.7）。不过，随着量子比特数的增加，我们又不得不面对抗噪性下降等问题。

图 2.7　量子退火计算机能够大显身手的领域

2.3 ‖ 量子计算机备受瞩目的背景

在本章的最后，笔者结合图 2.8 来介绍一下量子计算机近年来备受瞩目的三个原因（积极研发的动机）。

第一个原因是量子科学技术的发展。2012 年，诺贝尔物理学奖颁发给了塞尔日·阿罗什（Serge Haroche）和大卫·维因兰德（David Wineland），以表彰二人在突破性实验方法上的贡献。阿罗什和维因兰德通过实验实现了对单个量子系统的测量和控制，这意味着人类已经能够以实验的方式控制量子力学状态，二人也自然成为以实验方式控制量子比特的先驱。让这两位科学家获奖的研究成果诞生于 2000 年前后，距今已有 20 余年。现在，类似的研究迅速发展，在世界上掀起了一股量子比特的研发热潮。目前，相关技术已经发展到可以完成基本计算，并在云端试用的阶段。量子计算机正是在量子科学技术日趋成熟的背景下受到了广泛关注。

第二个原因是摩尔定律的终结。摩尔定律是 1965 年 Intel 的戈登·摩尔（Gordon Moore）提出的经验定律，其内容为"半导体的集成密度（约等于计算性能）每隔 18 个月（一年半）就会翻一番"，但是业界普遍认为该定律快要走到尽头了。因此，为了在摩尔定律终结之后计算性能还能得到提升，人们开始研究各种方法，希望通过多核 CPU、GPU 的并行计算和前文介绍过的非冯·诺依曼计算机等手段来提升计算速度。在这一发展趋势下，人们更加期望超越经典计算机极限的量子计算机能够早日研发出来。

第三个原因是对计算资源有进一步需求。随着以深度学习为代表的机器学习技术的日益普及，自动驾驶和人工智能等技术已渗透到我们的日常生活中，说不定几年后我们的生活就会发生巨大变化。此外，区块链和以此为基础的虚拟货币近年来也受到了高度关注。由于这些技术都会用到大量的计算处理，所以人们普遍认为，摩尔定律终结后也必须要继续提高计算性能。

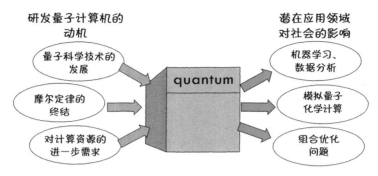

图 2.8 量子计算机备受瞩目的原因

专 栏

计算复杂性理论

计算复杂性理论的研究领域包括经典计算机有哪些无法求解的问题，其中哪些问题是量子计算机可以求解的，以及世界上原本都存在哪些问题。该领域使用抽象的数学方法对计算的复杂程度进行分类。计算复杂性理论对前述"可在多项式时间内求解的问题"和"在多项式时间内无法求解的问题"给出了明确定义。

大家可以看一下图 2.9 和表 2.1。简而言之，该理论将经典计算机可以（在多项式时间内）轻松求解的问题集定义为 **P**（Polynomial time，多项式时间）类，将可以（在多项式时间内）轻松确认答案是否正确的问题集定义为 **NP**（Non-deterministic Polynomial-time，非确定性多项式时间）类。NP 类还包含较难找到正确答案的问题。

虽然 NP 类包括 P 类，但是否存在属于 NP 类却不属于 P 类的问题呢？这就是数学界尚未解决的问题之一——P $\neq$ NP 猜想。

计算复杂性理论还定义了量子计算机可在多项式时间内求解的问题集的类别，即 **BQP**（Bounded-error Quantum Polynomial-time，有界错误量子多项式时间）。人们普遍认为 BQP 类大于 P 类。也就是说，存在在多项式时间内经典计算机无法求解而量子计算机可以求解的问题。不过，这个结论并没有得到充分证明。截至 2019 年，人们已经发现了能让量子计算机大显身手的几个问题，例如搜索问题（Grover 算法）和质因数分解问题（Shor 算法）。

量子计算机在现阶段还只是专用计算机，因此我们无须考虑其通用性，但如果量子计算机对某些问题的求解速度远远超过了经典计算机，并且该问题又会对社会产生巨大影响，量子计算机的存在就具有非常重要的意义了。而且，研究人员目前仍在积极研究量子计算机可以大显身手的问题，并期待未来量子计算机可以求解更多问题。

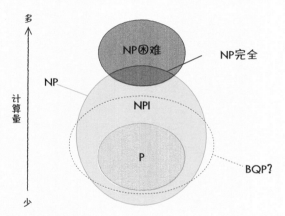

图 2.9　典型的计算复杂性分类

表 2.1　典型的计算复杂性分类

计算复杂性分类		简单说明	示例问题
P	多项式时间	可在多项式时间内判定的 YES/NO 问题	能用经典计算机求解的大多数问题
NP	非确定性多项式时间	可在多项式时间内验证答案是 YES 的 YES/NO 问题	
NP 完全	非确定性多项式时间（完全）	NP 中最难的问题	布尔可满足性问题、哈密顿路径问题等
NP 困难	非确定性多项式时间（困难）	比 NP 难的问题	旅行推销员问题、背包问题、最大割问题等
NPI	非确定性多项式时间（过渡）	介于 P 和 NP 完全之间的问题	质因数分解问题等
BQP	有界错误量子多项式时间	可在多项式时间内通过量子算法以大于 2/3 的准确率判定的 YES/NO 问题	质因数分解问题、离散对数问题等

第3章

量子比特

　　笔者将从本章开始正式讲解量子计算机的机制。要想理解量子计算机的机制，必须先理解什么是量子比特。量子比特是量子计算机实现高速计算的根本，它的性质与普通计算机所使用的"比特"的性质迥然不同。下面，笔者就从量子比特的基础——量子力学的概要开始讲起。

3.1 经典比特和量子比特

为了更好地理解量子比特，本节笔者先来讲解经典比特的概要，然后对经典比特和量子比特的异同点予以归纳总结。

量子计算机和经典计算机最大的不同点在于二者使用的最小信息单位不同。在经典计算机中，最小信息单位是我们经常能听到的内存单位或数据传输速度单位——比特（bit，binary digit）。在本书中，我们称之为经典比特。量子计算机使用的最小信息单位是量子比特，英文是 **qubit**（quantum binary digit）。前面介绍的量子电路模型和量子退火都离不开量子比特的概念。下面，我们就来看一下经典比特和量子比特的差异（图 3.1）。

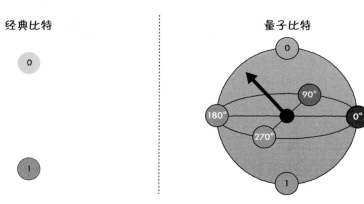

图 3.1 经典比特和量子比特的差异

3.1.1 经典比特是经典计算机中的最小信息单位

经典计算机使用 0 和 1 这两种状态来执行计算。无论要处理的信息量多大，经典计算机都会使用 0 和 1 的序列来表示信息并执行计算。信息量的单位是比特（经典比特）。经典比特可以处于 0 和 1 中的任意一种状态（图 3.2），是处理信息的最小单位。也就是说，1 个比特的信息就是告诉我们"是 0 和 1 这两种状态中的哪一种"的信息。

经典比特处于0和1这两种状态中的任意一种状态

经典比特

图 3.2 经典比特

以此类推，2 个比特带有 00、01、10、11 这 4 种状态中任意一种状态的信息，3 个比特带有从 000 到 111 这 8 种状态中任意一种状态的信息。由此可以看出，比特是衡量能够获取多少信息的单位。100 个比特就带有 2^{100} 种状态中任意一种状态的信息。例如，我们可以这样使用经典比特——英文字母表中共有 26 个字母，若将其中的字母和整数一一对应起来，用 5 个经典比特（$2^5=32$）就可以表示整个字母表（表 3.1）。我们平常使用的用 0~9 表示信息的方式称为十进制，只用 0 和 1（经典比特）表示信息的方式则称为二进制。后者广泛用于计算机内部的计算。

表 3.1 英文字母表共有 26 个字母，小于 $2^5=32$，因此可以用 5 个经典比特来表示

英文字母	二进制
A	00000
B	00001
C	00010
D	00011
E	00100
F	00101
⋮	
Z	11001

3.1.2　量子比特是量子计算机中的最小信息单位

　　量子计算机使用量子比特作为最小信息单位。虽然量子比特也可以和经典比特一样使用 0 和 1 这两种状态来表示信息，但除此以外，量子比特还可以处于 0 和 1 的"叠加态"这一特殊状态（图 3.3）。这一点非常重要，量子计算机与现阶段的经典计算机之间的巨大差异也在于此。

量子比特处于0和1的叠加态

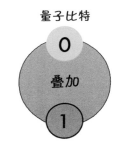

图 3.3　量子比特

　　我们将前述内容总结如下（图 3.4）。

1个经典比特	处于 0 和 1 这两种状态中的任意一种状态
1个量子比特	处于 0 和 1 的叠加态

图 3.4　1 个经典比特和 1 个量子比特的差异

3.1.3　叠加态的表示方法

　　如图 3.5 所示，量子比特的叠加态可以通过介于 0 和 1 这两种状态之间的箭头来表示。这种表示方法可以帮助我们直观地理解叠加态。

　　图中的球体分别以 0 和 1 表示上下顶点（南北两极），代表了量子比特的箭头指向球面上的一点。也就是说，我们可以将量子比特视为指向以 0 和 1 为两极的球体表面某一点的箭头。这个球体叫作布洛赫球，常用于表示量子比特的状态。布洛赫球球面上的点表示量子比特的状态。箭头指向正上方（相当于地球的北极）时状态为 0，指向正下方（相当于地球的南极）时状态为 1，指向球面上其他点时状态为 0 和 1 的叠加态。经典比特只能表示 0 和 1 这两种状态中的任意一种，而量子比特可以表示球面上所有的点。

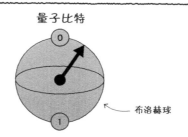

图 3.5　代表了量子比特的箭头（布洛赫球）

　　下面来说明代表了量子比特的箭头的特性，掌握这部分内容是理解后续章节的关键。地球上的某地可以用纬度和经度来表示。与此类似，在表示布洛赫球球面上的点时，我们只要使用振幅和相位这两个物理量就足够了。振幅是与箭头的高度（相当于地球上的纬度）相对应的数值，表示布洛赫球球面上的点与 0（北极）和 1（南极）的接近程度[①]。

　　相位则是与从上方或下方观察布洛赫球时箭头的旋转角度（相当于地球上的经度）相对应的数值。如图 3.6 所示，布洛赫球的水平旋转方向（相当于地球的赤道）上标记着 0°、90°、180° 和 270°。由此可见，量子比特的叠加态不仅可以通过指向布洛赫球球面上某一点的箭头来表示，还可以用振幅和相位这两个物理量来表示。

---

① 实际上，箭尖和 0 点之间的线段的一半是 1 的振幅，箭尖和 1 点之间的线段的一半是 0 的振幅。也就是说，振幅并不直接对应于地球的纬度。

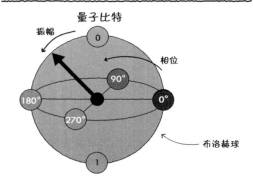

图 3.6 表示量子比特状态的布洛赫球

3.1.4 测量量子比特

这里，笔者将介绍量子比特的重要性质。量子比特具有来源于量子力学的特殊性质，具体来说就是处于叠加态的量子比特一经测量，其状态就会发生显著变化。下面，笔者就对此展开详细讲解。量子比特的重要性质可归纳为以下 4 点。

1. 量子比特在测量前处于 0 和 1 的叠加态，可以用指向布洛赫球球面上某一点的箭头来表示（用振幅和相位来表示）（图 3.6 ）。
2. 量子比特一经测量[①]，就会通过概率来决定到底是处于状态 0 还是状态 1。
3. 量子比特经过测量后要么处于状态 0，要么处于状态 1。二者的概率均取决于测量前指向布洛赫球球面上某一点的箭头在贯穿 0 和 1 两点的轴上的投影。箭头的投影越接近 0，出现 0 的概率就越大；越接近 1，出现 1 的概率就越大。
4. 经过测量后，我们就可以从量子比特中读取非 0 即 1 的经典比特信息。量子比特的状态此时也会变为与测量结果对应的状态 0 或状态 1。

---

① 这里描述的是以 0 和 1 为基态（计算基态）的测量。

要想读取量子比特的状态，就必须对量子比特进行测量；然而，一旦对量子比特进行测量，其状态就会因测量操作而发生改变。测量前，量子比特的状态对应于布洛赫球球面上的一点（处于 0 和 1 的叠加态），但一经测量，箭头就会瞬间移动，要么指向 0，要么指向 1。到底指向 0 还是指向 1 则由概率决定，概率又取决于箭头在贯穿 0、1 两点的轴上的投影。量子比特的这种特性源于量子力学的性质，具体内容就不在这里探讨了。总之，我们可以通过箭头的状态得知测量出 0 和 1 的概率（图 3.7）。

量子比特一经测量，就会通过概率来决定到底处于状态0还是状态1

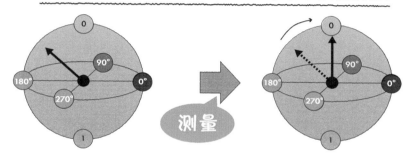

图 3.7　测量量子比特

3.1.5　箭头的投影与测量概率

箭头的投影是一个非常重要的概念。投影是指物体在光线照射下形成的影子（图 3.8）。

图 3.8　什么是投影

　　若将一束光照射到表示量子比特的箭头上，且光的方向垂直于贯穿布
洛赫球球面上 0 和 1 这两点的轴，则箭头的影子会投射在该轴上（图
3.9）。箭头的投影表示它在该轴上的高度，这个高度决定了测量结果是 0
的概率和测量结果是 1 的概率。例如图 3.9 中的这种情况，结果是 0 的概
率为 75%，是 1 的概率为 25%。从图中我们还可以看出，测量前箭头越
接近 0，就越容易测量出 0；越接近 1，就越容易测量出 1。非 0 即 1 的测
量结果，则意味着通过测量可以获得经典比特的信息。

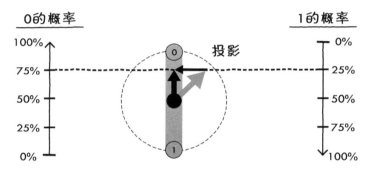

图 3.9　测量产生的箭头投影决定了 0 和 1 各自出现的概率

　　图 3.10 总结了上述内容。接下来，我们将从量子力学的性质出发，阐
明量子比特的特殊性质。

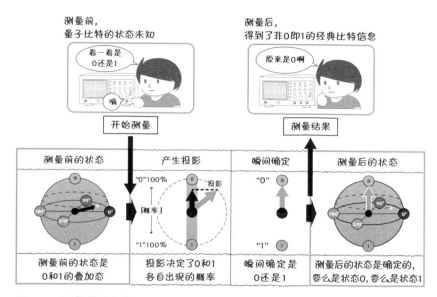

图 3.10 测量量子比特

3.2 ‖ 量子力学和量子比特

前面的内容仅介绍了量子比特，并没有详细介绍量子力学。量子力学的基础知识至关重要，可以帮助我们正确理解量子计算机的计算速度为何能够从本质上超越经典计算机的。因此，笔者将在本节讲解量子计算机所涉及的最基本的量子力学知识，并阐明量子计算机可以进行快速计算的机制。

3.2.1 经典物理学和量子力学

首先，量子力学是一种为了解释若干微粒（如原子和电子等）的行为而构筑起来的理论。我们可以认为，世界上的大多数现象遵循量子力学的规律。我们通常看到的宏观事物是由数量级高达 10^{23} 的原子构成的，这些事物的行为可以用经典物理学（如经典力学、经典电磁学等）加以解释。那么，经典物理学和量子力学之间有什么关系呢？答案是经典物理学是量子力学理论的近似（图 3.11）。虽然理论上我们也可以使用量子力学理论分析日常生活中遇到的宏观现象，例如行驶的汽车、足球的轨迹和电流的流动等，但要想进行精确的计算，就得面对异常复杂的算式和庞大的计算量。因此，如果我们能对影响较小的部分做近似处理并将其忽略，就可以简化算式，继续沿用经典物理学。由于大多数事物的行为可以用经典物理学这种近似理论来充分解释，所以经典物理学使用得更为广泛。

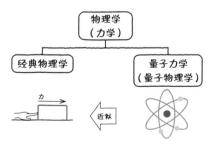

图 3.11　经典物理学与量子力学之间的关系

3.2.2 经典计算和量子计算

实际上，计算也可以分为两类，即**经典计算**与**量子计算**。二者分别对应于上述的经典物理学和量子力学。执行计算的设备也可以分为两类，即执行经典计算的经典计算机与执行量子计算的量子计算机。人们普遍认为量子计算与经典计算在本质上存在差异，量子计算能够在速度上远超经典计算。此外，量子计算还能向下兼容经典计算，能够实现经典计算范围内的所有计算（图 3.12）。为了实现量子计算，我们要研发出以遵循量子力学规律的量子比特为基本单位并充分利用量子特性的量子计算机。量子计算机可以充分利用微观物质所特有的现象（量子现象），这些现象在回归到经典物理学的过程中会因近似处理而消失。量子现象中最基本的性质是**波动性**和**粒子性**。下面笔者就来详细讲解这两种性质。

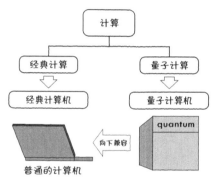

图 3.12 经典计算与量子计算之间的关系

3.2.3 量子力学的开端：电子和光

在成为量子力学研究对象的微观物质中，最具有代表性的是电子和光。除此以外，质子、中子、原子、分子以及各种波长的电磁波也是研究对象。不过，这里笔者还是先将解说的重点放在电子和光上 [①]。

最先揭示出电子存在的，是著名的阴极射线管实验和油滴实验。由实验结果可知，电子是带少量负电荷的粒子。另外，通过著名的双缝实验，人们观察到了光具备波所特有的干涉现象，因而认为光是波。

但是，量子力学诞生后，人们又认识到电子不仅是粒子，还兼具波动性。光也不仅具有波动性，还兼具粒子性。在量子力学中，可以认为所有物质都兼具波和粒子的双重性质（图 3.13）。正因为量子比特具有波和粒子的双重性质，我们才能巧妙地利用这两种性质实现快速计算。

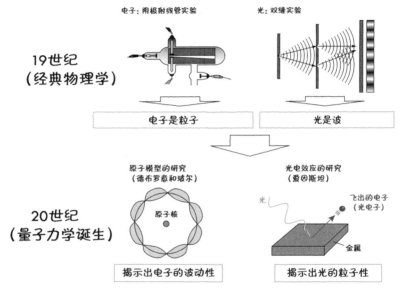

图 3.13　量子力学的诞生

3.2.4 波动性和粒子性

同时具有波动性和粒子性意味着什么呢？带着这个问题，我们先来看一下这两种性质。能否在空间中传播可以说是波和粒子之间的最大区别。如果向池塘中扔石子，那么水面上会激起一圈圈向四周扩散的波浪（波纹）。也就是说，波是可以在空间中传播的。如果是一粒芝麻一样的粒子，则只能集中在空间中的某一点上，无法在空间中传播。这样来看，波动性和粒子性是相对的（图3.14）。下面，我们就来深入探究一下这两种性质。

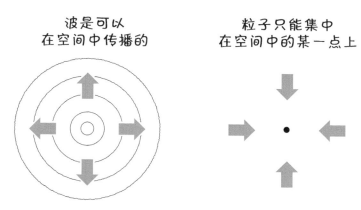

波是可以　　　　　　　粒子只能集中
在空间中传播的　　　　　在空间中的某一点上

图3.14　波和粒子

◉ 波动性

首先来看波的基本性质。最简单的波是图3.15所示的正弦波。波有交替出现的波峰和波谷，可以通过波高、波长、周期和波速等属性来表示。其中，**振幅**（波高的一半）和**相位**（参考点在一个周期的波中的位置）对我们理解量子计算机来说至关重要。我们暂且只考虑这两个属性即可，因此笔者使用截取的一个周期的波来加以说明。

简单的波（正弦波）

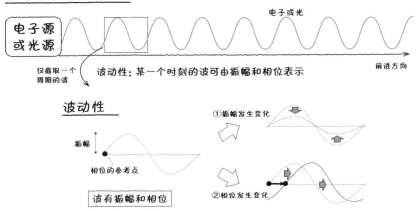

图 3.15 振幅和相位的作用

　　一个周期的波有一个波峰和一个波谷。波的平衡位置与波峰或波谷的高度差均称为波的振幅。当振幅发生变化时，波峰和波谷的高度也会随之变化。波峰和波谷所处的位置称为波的相位。我们可以把波中某个特定参考点的位置视作相位，比如将波峰前振幅为 0 的点作为参考点，把该点的位置当成相位。假设参考点位于一个周期的波的最左侧时，相位为 0°。当相位发生变化时，相当于相位的参考点向右滑动。当参考点一点点向右滑动，最终滑动至一个周期的波的最右侧时，所形成的波将与相位为 0° 时的波重合，即又回到了最初的波。此时参考点对应的相位为 360°，相当于环绕了一周。可见，相位具有从 0° 到 360° 后又回到 0° 的性质。波的振幅和相位在量子计算机中发挥着重要的作用。

　　上述量子比特的振幅和相位正是波动性的体现。布洛赫球中表示量子比特的箭头与波动性紧密相关，量子比特和波都具有能够用振幅和相位表示的重要性质。

◉粒子性

　　接着再来看一下粒子性。粒子与波相反，无法在空间中传播，因此我们可以认为，总是出现在某一点上正是粒子所具有的性质。而且，无论哪个时刻，粒子的位置都是固定的（图 3.16）。

这里探讨的粒子性实际上与测量后的量子比特的性质密切相关。下面，笔者来介绍量子比特的波动性和粒子性。

基本粒子

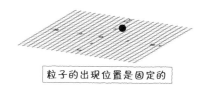

粒子性：某一时刻的粒子可通过它的出现位置来表示　　　前进方向

粒子性

粒子的出现位置是固定的

图 3.16　粒子的出现位置

3.2.5　量子比特的波动性和粒子性

乍一看，在空间中传播的波与集中在空间中某一点上的粒子似乎不可共存，但量子比特能够将二者的性质集于一身。下面，我们就来看看波动性和粒子性在量子比特上是如何体现的。

◉量子比特的波动性

首先，量子比特有 0 和 1 这两种状态，这两种状态都如同波一样。既然是波，量子比特就可以处于连续的、不知道是 0 还是 1 的模糊状态，这种状态就是叠加态。我们可以将该状态想象成 0 的波和 1 的波重叠在一起的状态。叠加态可以通过振幅和相位来表示。在量子计算的过程中，我们利用的正是这种模糊的状态。

◉量子比特的粒子性

另外，量子比特一旦经过测量，就又会体现出粒子性。测量是指对通过物理手段制备的量子比特执行某种操作以读取计算结果的过程。粒子性意味着具有固定的出现位置，不过，我们可以在此基础上稍作延伸，从具有固定出现位置就是具有"瞬间确定某个值"的性质这层意义上重新解释粒子性。因此，我们也可以认为粒子性体现了"能够确定固定的状态"这一点。这就是量子力学中的粒子性。粒子性确定了量子比特最终所处的状态。具体来说就是在测量的那一刻，量子比特不再处于 0 和 1 的叠加态，而是处于状态 0 或状态 1。

总而言之，量子比特在测量前一直保持波动性，处于好像是 0 又好像是 1 的模糊状态（由布洛赫球上的箭头所表示的状态），但经过测量后，又会体现出粒子性，瞬间确定到底是处于状态 0 还是状态 1。这就是量子计算的性质（图 3.17）。

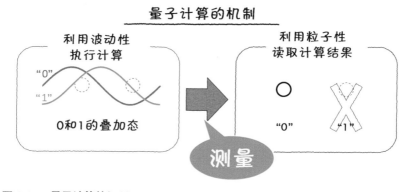

图 3.17　量子计算的机制

3.2.6　量子比特的测量概率

我们需要将量子力学中的测量视为一种特殊操作，具有波动性且状态模糊的量子比特一经测量，就会立即显示出其粒子性，瞬间确定到底是处于状态 0 还是状态 1。量子比特测量前的振幅大小决定了在测量的那一刻量子比特分别处于状态 0 和状态 1 各自的概率。测量前的量子比特有 0 和 1 这两种状态，这两种状态都有各自的振幅和相位。状态 0 的振幅越大，状态 1 的振幅就越小；反之，状态 0 的振幅越小，状态 1 的振幅就越大[①]。某一状态的振幅的平方代表该状态的测量概率。因此，量子比特的振幅也称为概率振幅，下文也将使用"概率振幅"一词指代量子比特的振幅。进行测量的那一刻，量子比特会处于状态 0 或状态 1，哪种状态的概率振幅的平方更大，哪种状态被读取的概率就越大。另外，由于读取的状态非 0 即 1，所以状态 0 的概率振幅的平方与状态 1 的概率振幅的平方相加后（即两个测量概率的和）总为 1（100%）（图 3.18）。

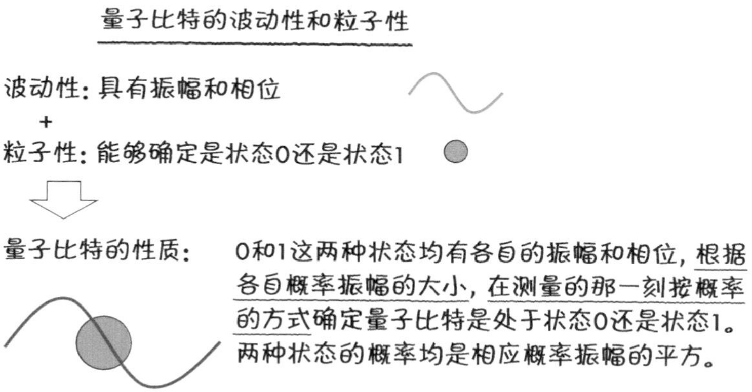

量子比特的波动性和粒子性

波动性：具有振幅和相位

+

粒子性：能够确定是状态0还是状态1

量子比特的性质：0和1这两种状态均有各自的振幅和相位，根据各自概率振幅的大小，在测量的那一刻按概率的方式确定量子比特是处于状态0还是状态1。两种状态的概率均是相应概率振幅的平方。

图 3.18 量子比特的波动性和粒子性

---

① 这意味着，测量后形成的量子比特的箭头被投射到贯穿了布洛赫球球面上 0 和 1 两点的轴上时，投影的位置对应于振幅的平方。

3.3 || 如何表示量子比特

本节要讲解的是本书所使用的表示量子比特的三种方法：狄拉克符号表示法、布洛赫球表示法和波形表示法。我们将在后续章节中借助这三种表示方法，探讨量子计算机能够进行快速计算的机制。

3.3.1 表示量子态的符号（狄拉克符号）

首先介绍的是狄拉克符号表示法。在用数学表达式表示量子比特时我们会经常用到该方法（图 3.19）。

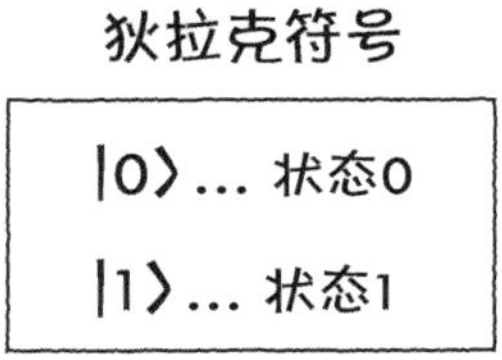

狄拉克符号

$|0\rangle$ ... 状态0

$|1\rangle$ ... 状态1

图 3.19 狄拉克符号

如图 3.20 所示，$|0\rangle$ 对应于状态 0，$|1\rangle$ 对应于状态 1。本书仅借助狄拉克符号表示量子比特的状态 0 和状态 1，不会深入讲解如何使用这种表示法进行计算。我们可以使用这种表示法和加法运算来表示叠加态。

使用狄拉克符号表示叠加态

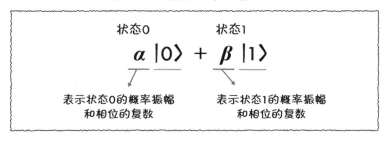

状态0   状态1

$$\alpha\,|0\rangle + \beta\,|1\rangle$$

表示状态0的概率振幅   表示状态1的概率振幅
和相位的复数   和相位的复数

图 3.20 使用狄拉克符号表示叠加态

α 和 β 是复数，也称为复振幅，表示各自是以多少比例将 |0⟩ 和 |1⟩ 叠加在一起的。正因为 α 和 β 都是复数，量子力学中的叠加态才得以表示出来。复振幅可以用概率振幅和相位两个实数来表示，即复振幅可以表示波（请参考图 3.22）。因此，我们可以认为复数 α 和复数 β 表示各自 |0⟩ 和 |1⟩ 所对应的波的状态。波的复振幅的绝对值（也称为模）的平方就是测量概率。也就是说，$|α|^2$ 和 $|β|^2$ 分别表示测量时 |0⟩ 出现的概率和 |1⟩ 出现的概率。由于概率的总和为 1（100%），所以 α 和 β 必须满足 $|α|^2+|β|^2=1$ 这个约束条件。

3.3.2 表示量子态的图形（布洛赫球）

布洛赫球表示法的好处在于可以通过三维图像表示量子比特的状态，帮助我们直观地了解量子比特的概率振幅和相位。叠加态与布洛赫球之间的对应关系如图 3.21 所示。

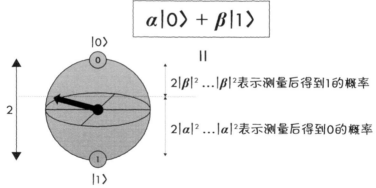

使用布洛赫球表示叠加态

$$α|0⟩ + β|1⟩$$

||

$2|β|^2$ … $|β|^2$ 表示测量后得到 1 的概率

$2|α|^2$ … $|α|^2$ 表示测量后得到 0 的概率

图 3.21　使用布洛赫球表示叠加态

刚刚提到，在使用狄拉克符号表示叠加态时，α 和 β 是表示各自 |0⟩ 和 |1⟩ 的比例的复数（复振幅）。这两个复数绝对值的平方表示各自测量后得到 0 或 1 的概率。在布洛赫球中，α 和 β 的绝对值的平方的大小对应

于箭头的高度。布洛赫球的半径为 1（直径为 2），其顶部（0）与箭头箭尖的高度差为 $2|\beta|^2$，其底部（1）与箭头箭尖的高度差为 $2|\alpha|^2$，因此 $2|\alpha|^2+2|\beta|^2=2$。两边同时除以 2，得到 $|\alpha|^2+|\beta|^2=1$，这与用狄拉克符号表示叠加态时 α 和 β 需满足的条件一致。

3.3.3 使用波表示量子比特

除了布洛赫球，本书还使用了"一个周期的波形图"来表示概率振幅和相位（复振幅），并用概率振幅和相位来说明量子比特的状态。波和布洛赫球这两种形式所表示的内容是一致的，但在表示多量子比特的状态时，波用起来会更加方便。

在使用波表示量子比特时，$|0\rangle$ 和 $|1\rangle$ 各自的概率振幅和相位可以由一个周期的波来表示。我们可以这样理解：若使用学习复数时出现的极坐标形式（使用极坐标表示复数的方式）将复数 α 分解为两个实数，则复数 α 可表示为正弦波的函数和余弦波的函数，因此我们可以使用与波的振幅和相位相对应的实数 A 和 ϕ 来表示复数 α（图 3.22）。也就是说，复数 α 和复数 β 分别表示一列波。由此可见，复振幅的绝对值就是概率振幅（$|\alpha|=A$），测量概率就是复振幅绝对值的平方，也就是概率振幅这一实数的平方。

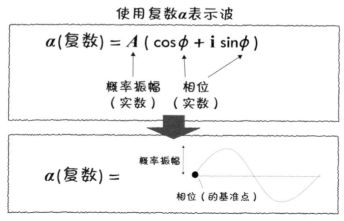

图 3.22 使用复数 α 表示波

我们试一试用波的形式来表示量子比特的叠加态。首先，分别绘制出对应于 $|0\rangle$ 的一个周期的波（复数 α）和对应于 $|1\rangle$ 的一个周期的波（复数 β），然后将这两列波纵向排列。这样就能通过波形图直观地理解与 $|0\rangle$ 对应的波和与 $|1\rangle$ 对应的波。拿图 3.23 所示的量子比特来说，$|0\rangle$ 的概率振幅较大，$|1\rangle$ 的概率振幅较小，因此，测量后概率振幅（的绝对值的平方）较大的状态，即 $|0\rangle$ 这个状态更容易出现。

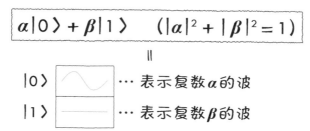

图 3.23　使用波表示叠加态

图 3.24 总结了上述内容。本章共介绍了三种表示量子比特状态的方法。这些表示方法在本质上都是一致的，在我们理解量子计算机的行为时可以起到辅助作用。

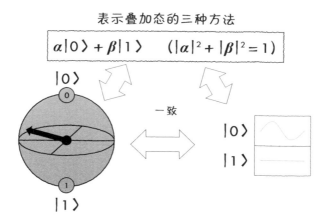

图 3.24　表示叠加态的三种方法

3.3.4 多个量子比特的表示方法

前面介绍的都是单量子比特的叠加态,接下来,我们来看一下多个量子比特的状态该如何表示。首先介绍如何使用狄拉克符号表示多个量子比特。假设有 3 个量子比特,状态分别为 |0⟩、|0⟩ 和 |1⟩。这种确定的状态可以写作 |0⟩|0⟩|1⟩,或简写为 |001⟩(图 3.25)。

使用狄拉克符号表示多个量子比特的方法

图 3.25 使用狄拉克符号表示多个量子比特的方法

|001⟩ 表示的状态是 3 个量子比特的状态均已确定。量子比特的状态一旦确定下来,就会等同于经典比特,量子计算的优越性也会随之消失。量子计算只有利用叠加态才能发挥其优越性。既然离不开叠加态,我们就来看看如何表示量子比特所特有的叠加态吧。假设需要表示 3 个处于 |0⟩ 和 |1⟩ 的叠加态的量子比特。在这种情况下,这 3 个量子比特会处于 |000⟩、|001⟩、|010⟩、|011⟩、|100⟩、|101⟩、|110⟩ 和 |111⟩ 这 8 种状态全部叠加在一起的状态。1 个量子比特会处于 |0⟩ 和 |1⟩ 这 2 种状态的叠加态中,2 个量子比特会处于 |00⟩、|01⟩、|10⟩ 和 |11⟩ 这 4 种状态的叠加态中,以此类推,n 个量子比特就会处于 2^n 种状态的叠加态中。我们可以用如图 3.26 所示的方法表示这些叠加态,具体来说就是将表示比例的复数 $(\alpha, \beta, \cdots, \eta)$ 作为权重赋给每种状态,再将它们加在一起。从对应于 |000⟩ 的复数 α 到对应于 |111⟩ 的复数 η,这其中的每一个复数都表示对应状态的概率振幅和相位。

使用狄拉克符号表示多个量子比特的叠加态的方法

$$\alpha|000\rangle + \beta|001\rangle + \gamma|010\rangle + \cdots + \eta|111\rangle$$

|000⟩ 状态的出现概率取决于 α 所表示的概率振幅和相位
|001⟩ 状态的出现概率取决于 β 所表示的概率振幅和相位
|010⟩ 状态的出现概率取决于 γ 所表示的概率振幅和相位
$\vdots$
|111⟩ 状态的出现概率取决于 η 所表示的概率振幅和相位

图 3.26　使用狄拉克符号表示多个量子比特的叠加态的方法

再来看一下其他表示多个量子比特叠加态的方法。布洛赫球不适合表示多个量子比特的叠加态，因此我们考虑使用波来表示。从 |000⟩ 到 |111⟩ 的各状态所对应的波的状态如图 3.27 所示。某状态的概率振幅越大，其在测量时就越容易出现。在这一点上，多个量子比特和单量子比特是一致的。注意，这里给出的波与测量后的所有状态一一对应。测量后有多少种状态就有多少列波，而不是有多少个量子比特就有多少列波。也就是说，在有 n 个量子比特的情况下，我们一共需要处理 2^n 列波。

使用波表示多个量子比特的叠加态的方法

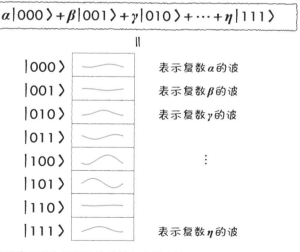

图 3.27　使用波表示多个量子比特的叠加态的方法

3.3.5 小结

图 3.28 总结了表示量子比特的方法。

我们可以使用狄拉克符号、布洛赫球和波来表示单量子比特的状态。在实际的量子计算中往往会用到多个量子比特，此时布洛赫球就不太适用了，而狄拉克符号和波依然能够表示这些量子比特的叠加态。后面笔者会使用这些表示法来介绍作为量子计算构件的量子门。

	狄拉克符号	布洛赫球	波
单量子比特的叠加态	$\alpha\|0\rangle+\beta\|1\rangle$ $(\|\alpha\|^2+\|\beta\|^2=1)$	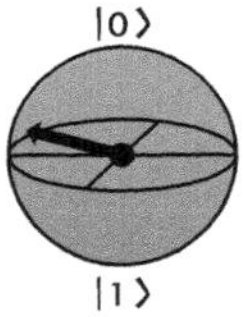	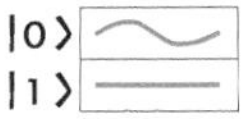 $\|0\rangle$ $\|1\rangle$
多个量子比特的叠加态	$\alpha\|000\rangle+\beta\|001\rangle+$ $\gamma\|010\rangle+\cdots+\eta\|111\rangle$	—	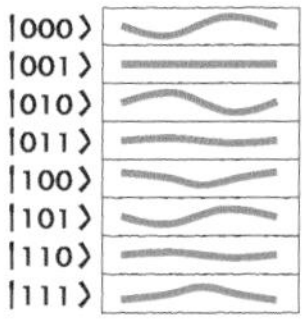 $\|000\rangle$ $\|001\rangle$ $\|010\rangle$ $\|011\rangle$ $\|100\rangle$ $\|101\rangle$ $\|110\rangle$ $\|111\rangle$

图 3.28 量子比特的表示方法小结

专 栏

量子纠错

世界上没有完美的工业产品，就连我们日常使用的经典计算机也不例外。尽管经典计算机的计算结果看起来总是无可挑剔，但在内部处理的过程中，经典计算机还是会偶尔发生错误。不过，因为它具备纠错功能，所以我们平常使用的时候很少遇到计算错误的情况。

对于将量子性用作计算资源的量子计算机，量子性一旦遭到破坏就会产生错误。量子性非常脆弱，以至于量子计算机很难在其遭到破坏之前（在相干时间内）完成大规模计算。因此，量子纠错功能对大规模量子计算来说必不可少。在具有纠错功能的量子计算机上进行的量子计算称为容错量子计算。研发出容错量子计算是目前实现通用量子计算机的唯一途径，也是人类梦寐以求的最终目标。量子纠错与经典纠错有很大不同。在经典计算机中，我们只要添加一个检查有没有错误、有错误就修复的处理即可取得很好的效果；而对于量子计算机，在测量量子比特以检查是否存在错误时，测量本身就会使量子比特的状态发生变化。而且，根据量子力学的基本原理（量子不可克隆原理），我们也无法复制量子态，这就导致先创建相同的量子态再对其进行错误检查的方法也行不通。

不过，物理学家已经发明出使用多个量子比特表示一个量子比特的方法，成功攻克了量子纠错这一难题，并设计出一系列有效的量子纠错技术。例如，资料表明，将一种称为表面码的纠错技术应用到错误率大约为 1% 的量子比特的操作中，即可实现理论上的大规模量子计算。因此，创建出错误率低于 1% 的量子比特就成为实现容错量子计算的当务之急。2014 年，加利福尼亚大学圣塔芭芭拉分校的约翰·马丁尼斯（John Martinis）团队使用超导量子比特，通过超导电路首次实现了对错误率低于 1% 的量子比特的操作，使人们看到了实现容错量子计算的曙光。此后，全世界都加快了研究步伐。现在，马丁尼斯的团队正在与 Google 联手研发量子计算机。虽然现阶段的量子纠错还仅限于小规模的验证，实现大规模的容错量子计算还需要一定的时间，但随着研究的稳步进行，实现容错量子计算指日可待。

第4章

量子门入门

了解了作为最小信息单位的量子比特后，我们再来看一看量子计算机的计算方式。本章，笔者将围绕量子电路模型的计算方式进行讲解。

4.1 量子门

量子电路模型使用量子门执行计算，是最标准的量子计算机的计算模型。我们先看一下经典计算机使用的逻辑门，然后学习与之对应的量子门。

4.1.1 经典计算机：逻辑门

经典计算机通过大量逻辑门的组合来执行计算（图 4.1）。逻辑门实际上就是"作用于经典比特的操作"。英文单词 gate 是门的意思，我们可以将逻辑门想象成一扇特殊的门，比特一旦通过了这扇门，其状态就会发生变化。例如，AND 门（与门）、NAND 门（与非门）、NOT 门（非门）等逻辑门都会将特定的操作作用于比特。组合使用这些逻辑门能够实现加法、乘法，甚至更复杂的计算。对照着称为真值表 [①] 的表格，逻辑门的作用就一目了然了。图 4.1 中列出了常用逻辑门的真值表。例如，AND 门有两个输入，一个输出，共有四种输入状态，仅当输入 11 时才输出 1。其他逻辑门的作用也可以通过类似的真值表确定。

逻辑门

NOT 门（非门）

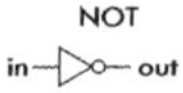

in	out
0	1
1	0

XOR 门（异或门）

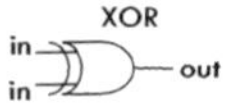

in		out
0	0	0
0	1	1
1	0	1
1	1	0

AND 门（与门）

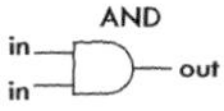

in		out
0	0	0
0	1	0
1	0	0
1	1	1

NAND 门（与非门）

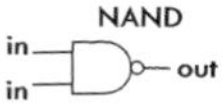

in		out
0	0	1
0	1	1
1	0	1
1	1	0

OR 门（或门）

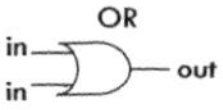

in		out
0	0	0
0	1	1
1	0	1
1	1	1

NOR 门（或非门）

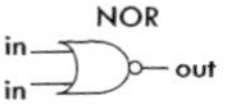

in		out
0	0	1
0	1	0
1	0	0
1	1	0

图 4.1 逻辑门

---

① 横着看表就可以看出输入和与之对应的输出结果。

4.1.2 量子计算机：量子门

执行计算时，经典计算机使用的是逻辑门，采用量子电路模型的量子计算机使用的则是量子门。如果说逻辑门是作用于经典比特的操作，那量子门就是作用于量子比特的操作。既然输入从经典比特变为量子比特，操作方法自然也会随之改变。量子门也有很多种类，我们依然可以通过真值表来理解各种量子门的作用。下面就来看一看作用于单量子比特的量子门（单量子比特门）的真值表（图 4.2）。如前文所述，由于量子比特比较复杂，具有概率振幅和相位两种属性，所以量子门的真值表也要比逻辑门的真值表复杂一些。为了强调是量子比特，我们将量子比特的两种状态 0 和 1 分别改写为 $|0\rangle$ 和 $|1\rangle$。

量子门（单量子比特）

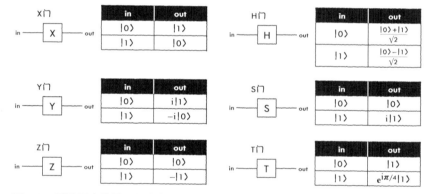

图 4.2　量子门（单量子比特）

4.1.3 单量子比特门

量子门的真值表里出现了复数，看起来很复杂，但如果我们对照着布洛赫球的图像来看，单量子比特的量子门操作还是比较简单的。从布洛赫球球心射出的箭头的方向与量子比特的状态相对应。量子比特通过量子门的操作相当于布洛赫球上的箭头发生旋转。图 4.2 中的量子门都是一个输入和一个输出的单量子比特门。某个量子比特通过量子门后，其表示的状态会发生变化。具体发生怎样的变化则取决于量子门的种类，例如 X 门能够实现将箭头旋转 180° 的操作。总之，布洛赫球上的箭头表示量子比特的状态，量子门对应于旋转布洛赫球上箭头的操作（图 4.3）。

量子门对应于旋转布洛赫球上箭头的操作

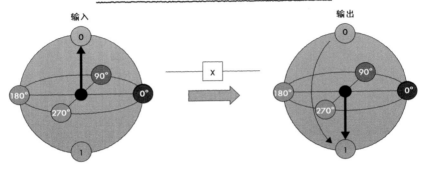

图 4.3 量子门对应于旋转布洛赫球上箭头的操作

4.1.4 多量子比特门

接下来，笔者简要介绍一下作用于多量子比特的量子门。在经典计算机中，可作用于单比特的逻辑门只有 NOT 门。这是因为单个经典比特非 0 即 1，除了翻转操作，再没有其他操作能够作用于单比特，自然也就没有其他单比特的逻辑门了。不过，到了量子计算机中，由于量子比特具有波动性（概率振幅和相位），所以即使是单个量子比特，也会有多种作用于其上的操作，对应着前面说过的多种量子门。在经典计算机的逻辑门中，还有作用于两个比特的逻辑门，量子计算机中同样有作用于多个量子比特的量子门（图 4.4）。量子电路模型正是通过这些量子门的组合实现了复杂的计算。

量子门（多量子比特）

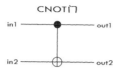

CNOT门

in1	in2	out1	out2
$|0\rangle$	$|0\rangle$	$|0\rangle$	$|0\rangle$
$|0\rangle$	$|1\rangle$	$|0\rangle$	$|1\rangle$
$|1\rangle$	$|0\rangle$	$|1\rangle$	$|1\rangle$
$|1\rangle$	$|1\rangle$	$|1\rangle$	$|0\rangle$

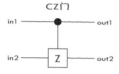

CZ门

in1	in2	out1	out2
$|0\rangle$	$|0\rangle$	$|0\rangle$	$|0\rangle$
$|0\rangle$	$|1\rangle$	$|0\rangle$	$|1\rangle$
$|1\rangle$	$|0\rangle$	$|1\rangle$	$|0\rangle$
$|1\rangle$	$|1\rangle$	$|1\rangle$	$-|1\rangle$

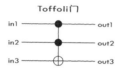

Toffoli门

in1	in2	in3	out1	out2	out3
$|0\rangle$	$|0\rangle$	$|0\rangle$	$|0\rangle$	$|0\rangle$	$|0\rangle$
$|0\rangle$	$|0\rangle$	$|1\rangle$	$|0\rangle$	$|0\rangle$	$|1\rangle$
$|0\rangle$	$|1\rangle$	$|0\rangle$	$|0\rangle$	$|1\rangle$	$|0\rangle$
$|0\rangle$	$|1\rangle$	$|1\rangle$	$|0\rangle$	$|1\rangle$	$|1\rangle$
$|1\rangle$	$|0\rangle$	$|0\rangle$	$|1\rangle$	$|0\rangle$	$|0\rangle$
$|1\rangle$	$|0\rangle$	$|1\rangle$	$|1\rangle$	$|0\rangle$	$|0\rangle$
$|1\rangle$	$|1\rangle$	$|0\rangle$	$|1\rangle$	$|1\rangle$	$|1\rangle$
$|1\rangle$	$|1\rangle$	$|1\rangle$	$|1\rangle$	$|1\rangle$	$|0\rangle$

SWAP门

in1	in2	out1	out2
$|0\rangle$	$|0\rangle$	$|0\rangle$	$|0\rangle$
$|0\rangle$	$|1\rangle$	$|1\rangle$	$|0\rangle$
$|1\rangle$	$|0\rangle$	$|0\rangle$	$|1\rangle$
$|1\rangle$	$|1\rangle$	$|1\rangle$	$|1\rangle$

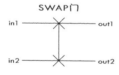

CS门

in1	in2	out1	out2
$|0\rangle$	$|0\rangle$	$|0\rangle$	$|0\rangle$
$|0\rangle$	$|1\rangle$	$|0\rangle$	$|1\rangle$
$|1\rangle$	$|0\rangle$	$|1\rangle$	$|0\rangle$
$|1\rangle$	$|1\rangle$	$|1\rangle$	$i|1\rangle$

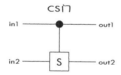

Fredkin门

in1	in2	in3	out1	out2	out3
$|0\rangle$	$|0\rangle$	$|0\rangle$	$|0\rangle$	$|0\rangle$	$|0\rangle$
$|0\rangle$	$|0\rangle$	$|1\rangle$	$|0\rangle$	$|0\rangle$	$|1\rangle$
$|0\rangle$	$|1\rangle$	$|0\rangle$	$|0\rangle$	$|1\rangle$	$|0\rangle$
$|0\rangle$	$|1\rangle$	$|1\rangle$	$|0\rangle$	$|1\rangle$	$|1\rangle$
$|1\rangle$	$|0\rangle$	$|0\rangle$	$|1\rangle$	$|0\rangle$	$|0\rangle$
$|1\rangle$	$|0\rangle$	$|1\rangle$	$|1\rangle$	$|1\rangle$	$|0\rangle$
$|1\rangle$	$|1\rangle$	$|0\rangle$	$|1\rangle$	$|0\rangle$	$|1\rangle$
$|1\rangle$	$|1\rangle$	$|1\rangle$	$|1\rangle$	$|1\rangle$	$|1\rangle$

图 4.4　量子门（多量子比特）

4.2 ‖ 量子门的功能

下面介绍量子门的功能。量子门种类繁多，笔者很难逐一进行介绍，这里只介绍 X 门、Z 门、H 门和 CNOT 门（受控非门）这几种典型的量子门。

4.2.1 X 门（泡利 –X 门）

X 门也称为泡利 -X 门（Pauli-X gate），特点是当输入为 | 0 〉时，输出是 | 1 〉；当输入为 | 1 〉时，输出是 | 0 〉。也就是说，X 门能够使 | 0 〉和 | 1 〉这两种状态相互翻转。由于 X 门能翻转状态，所以它相当于量子版的 NOT 门。另外，当输入为 | 0 〉和 | 1 〉的叠加态时，X 门会分别翻转这两种状态各自的概率振幅和相位（复振幅）。该操作称为比特翻转。

如图 4.5 所示，我们分别用真值表、布洛赫球和波来表示 X 门的功能。假设布洛赫球的"北极"为 | 0 〉，"南极"为 | 1 〉，贯穿这两点的轴为 Z 轴，与 Z 轴正交的两个轴分别为 X 轴和 Y 轴。在这种布洛赫球中，X 门能够使箭头绕 X 轴旋转 180°——X 门也正是因此得名——所以若向 | 0 〉施加两次 X 门操作，| 0 〉这个状态就会按照 | 0 〉→ | 1 〉→ | 0 〉这样的方式发生两次翻转，最终回到 | 0 〉。旋转两次 180° 就相当于旋转了 360°，因此布洛赫球面上的任意一点都具有通过两次 X 门操作后又回到原点的特性。也就是说，翻转之后再次翻转，状态就会复原。此外，X 门并不会使位于 X 轴上的 | 0 〉和 | 1 〉的概率均等的叠加态发生变化。从波形上来看，X 门直接对调了两种状态的波形。

门

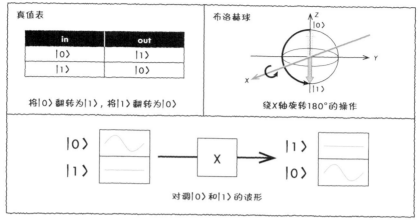

图 4.5 X 门

4.2.2 Z 门（相位翻转门）

　　在经典计算机中，NOT 门是唯一的单比特门，而在量子计算机中，除了量子版的 NOT 门——X 门，还有其他的单量子比特门。Z 门就是其中之一。X 门的功能是使 $|0\rangle$ 和 $|1\rangle$ 相互翻转（比特翻转），而 Z 门执行的是相位翻转（phase flip）。如果输入的是 $|0\rangle$ 和 $|1\rangle$ 的相位差为 0° 的状态，Z 门会输出 $|0\rangle$ 和 $|1\rangle$ 的相位差为 180° 的状态。也就是说，若输入为 $|0\rangle$，则输出还是 $|0\rangle$；若输入为 $|1\rangle$，则输出是带负号的 $|1\rangle$，即 $-|1\rangle$。**带负号**与**相位差为 180°** 的含义相同（在 3.3.3 节出现的复数与波的关系表达式中，若将 $\phi+180°$ 代入相位 ϕ 中，则整个表达式会带上负号）。从波形的角度来看，Z 门只会翻转 $|1\rangle$ 对应的波的相位。

　　如图 4.6 所示，Z 门能够使布洛赫球上的箭头绕 Z 轴旋转 180°。由于 $|0\rangle$ 和 $|1\rangle$ 这两种非叠加态本身就在 Z 轴上，所以 Z 门不会改变它们[1]。$|0\rangle$ 和 $|1\rangle$ 也因此称为 Z 门的本征态，Z 轴则称为计算基态。在许多关于

---

[1]　根据可忽略全局相位的量子比特规则，状态 $-|1\rangle$ 等同于状态 $|1\rangle$。这里的全局相位是附加到整个量子比特状态的相位项，对量子计算没有帮助。

量子计算的描述中，Z 轴通常会被设置为特殊的轴（实际上，所有的轴都是等效的，选择 Z 轴只不过是因为约定俗成的书写规则）。除了上述的 X 门和 Z 门，还有 Y 门，这些泡利门在量子计算中随处可见。

Z门

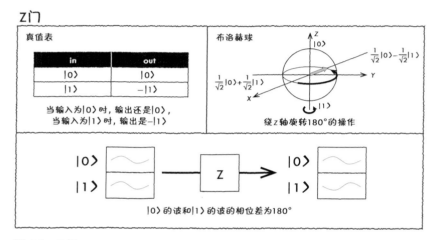

图 4.6　Z门

4.2.3 H门（哈达玛门）

除了 X 门、Y 门和 Z 门，泡利门中还有一个重要的 H 门。H 门也称为哈达玛（Hadamard）门，通常用于创建叠加态（图 4.7）。

若输入为 |0⟩，H 门将输出 |0⟩ 和 |1⟩ 的概率均等的叠加态；若输入为 |1⟩，H 门将输出相位差为 180° 的 |0⟩ 和 |1⟩ 的概率均等的叠加态。H 门能够使布洛赫球上的箭头绕位于 Z 轴和 X 轴之间倾斜 45° 的轴旋转 180°。H 门与 X 门、Y 门和 Z 门一样，都能将布洛赫球上的箭头旋转 180°，因此连续通过两次 H 门操作后，量子比特同样能够回到原来的状态。在用波表示的情况下，如果量子比特仅在 |0⟩ 上有概率振幅，H 门就会将其变换为在 |0⟩ 和 |1⟩ 上都具有均等概率的状态；如果量子比特仅在 |1⟩ 上有概率振幅，H 门就会翻转 |1⟩ 上的相位，使该量子比特在 |0⟩ 和 |1⟩ 上具有均等的概率。

H门

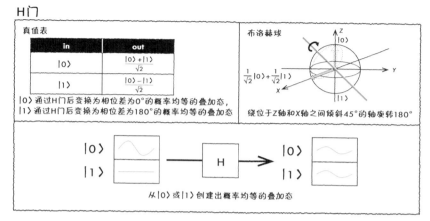

图4.7　H门

在单量子比特门中，除了前面介绍的几种类型，还有 S 门和 T 门，甚至我们可以创建其他的单量子比特门。这些单量子比特门的共同点是它们都对应于布洛赫球上的旋转操作，而且所有单量子比特门都可以表示为布洛赫球上的旋转操作。除上述旋转180°的操作之外，我们还可以创建出旋转任意角度的量子门。可以这么说，量子计算本身就是布洛赫球上旋转操作的组合。

4.2.4　作用于两个量子比特的 CNOT 门

接下来介绍用于操作两个量子比特的双量子比特门。只要将单量子比特门和双量子比特门组合起来，就可以实现用于操作三个甚至更多量子比特的量子门。因此，我们只要掌握好这两类基础的量子比特门，就足以解决更加复杂的情况。CNOT 门[①] 也称为受控非门（Controlled NOT gate），有两个输入和两个输出（图4.8）。其中一个输入称为**控制（control）比特**，另一个输入称为**目标（target）比特**。CNOT 门的真值表如图4.8所示。当向控制比特输入 |0〉时，CNOT 门不对目标比特执行任何操作；当向控制比特输入 |1〉时，CNOT 门会向目标比特施加 X 门的操作（取反，比特翻转）。CNOT 门的特点是目标比特的作用会随控制比特状态的变化而变化，控制比特相当于翻转目标比特的开关。

---

① 通常称为 CNOT 门，但有时也记作 CX 门。

CNOT门

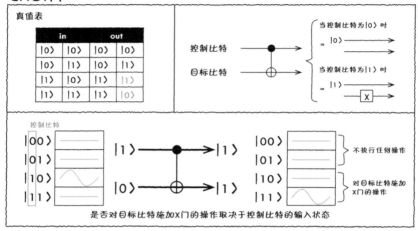

图 4.8 CNOT 门

除 CNOT 门以外,其他的双量子比特门也具有上述控制比特和目标比特的概念,只不过向目标比特施加的是 X 门以外的其他门。例如,CZ 门就是向目标比特施加 Z 门操作的双量子比特门。

4.2.5 由 H 门和 CNOT 门产生的量子纠缠态

如果不是将 $|0\rangle$ 或 $|1\rangle$ 这样的确定状态,而是将 $|0\rangle$ 和 $|1\rangle$ 的叠加态输入 CNOT 门的控制比特,会发生什么呢?此时,就需要分别分析控制比特为 $|0\rangle$ 的情况和控制比特为 $|1\rangle$ 的情况了。假设将概率均等的 $|0\rangle$ 和 $|1\rangle$ 的叠加态输入控制比特,并向目标比特输入 $|0\rangle$ 状态,那么输出将会是 $|00\rangle$ 和 $11\rangle$ 这两个同时出现的状态的叠加态。状态 $|00\rangle$ 出现的原因是当控制比特为 $|0\rangle$ 时,CNOT 门不会对目标比特进行任何操作,此时目标比特还是 $|0\rangle$;而状态 $|11\rangle$ 出现的原因是当控制比特为 $|1\rangle$ 时,CNOT 门对目标比特进行了取反操作,此时目标比特变为 $|1\rangle$。由此可见,将叠加态输入 CNOT 门的控制比特或目标比特,即可创建出需要分情况分析的复杂叠加态。这就是所谓的量子纠缠态。

结合图 4.9 中的波形图,我们可以看出,当向控制比特输入概率均等

的 $|0\rangle$ 和 $|1\rangle$ 的叠加态，并且向目标比特输入状态 $|0\rangle$ 时，输入状态为 $|00\rangle$，输出状态为 $|00\rangle$ 和 $|11\rangle$ 的叠加态。也就是说，如果其中一个量子比特的测量结果为 $|0\rangle$，则另一个量子比特也**一定**为 $|0\rangle$；反过来，如果其中一个量子比特的测量结果为 $|1\rangle$，则另一个量子比特也**一定**为 $|1\rangle$。只要得知其中任意一个量子比特的状态，即使不继续测量，我们也能知道另一个量子比特的状态。两个量子比特就好像**纠缠**在一起一样，因此这种状态被叫作**量子纠缠态**。

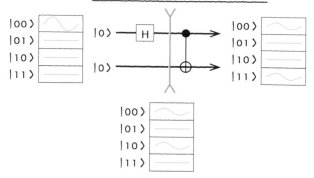

图 4.9　生成量子纠缠态的电路（示例）

4.2.6　测量（基于计算基态的测量）

经过前面章节的学习，大家已经了解了在量子电路模型上执行量子计算所需要的基本量子门。下面两个小节，我们再来看看如何通过**测量**来读取量子比特的状态。

我们可以将测量视为一种量子门，测量具有改变量子比特状态并确定其到底是 0 还是 1 的作用（图 4.10）。通过测量，我们可以由量子比特所处的叠加态得到非 0 即 1 的经典比特的状态。而且，得到的状态到底是 0 还是 1 由概率决定，该概率取决于表示 $|0\rangle$ 和 $|1\rangle$ 的比例的复数（复振幅）绝对值的平方（概率振幅的平方）。若某量子比特处于 $|0\rangle$ 和 $|1\rangle$ 的概率振幅均等的叠加态，从该量子比特测量出 0 的概率和 1 的概率就会相

等，各为 50%。也就是说，状态到底是 0 还是 1 是完全随机的。

我们可以认为，量子比特在测量前表现出的是波动性，在测量后表现出的是粒子性①。

多个量子比特经过测量后同样会处于某一种确定的状态。例如，3 个量子比特在测量前可以同时处于从 000 到 111 这 8 种状态，但一旦经过测量，就会处于其中某一种确定的状态。当然，到底处于哪个状态依然取决于各状态的复振幅绝对值的平方。

前面思考的是 3 个量子比特全都经过测量的情况，我们也可以只测量其中一部分量子比特，如仅对其中一个量子比特进行测量。在这种情况下，只有经过测量的那个量子比特会处于非 0 即 1 的确定状态，其余两个量子比特会受到该量子比特的影响。此时，对应于各状态的复振幅（概率振幅和相位）会发生改变。

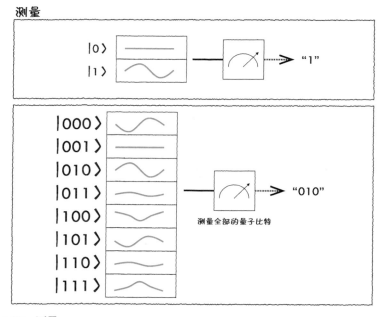

图 4.10　测量

①　在量子力学中，该术语称为波函数坍缩。

　　测量是量子力学特有的概念，可能不太好理解。其重点在于，量子比特的状态在测量前后会发生变化。而且，并不是说"实际上量子比特的状态一直都是确定的，只不过我们在测量前还不知道这个状态罢了"，而是只有在真正进行测量的那一瞬间，量子比特的性质才会发生变化[①]（图4.11）。如果不这样理解，大量实验结果就无法解释，该诠释已然成为不可动摇的事实。另外，测量操作（获得测量结果）并不一定要由人来执行。那么，我们该如何定义测量呢？"测量"和"不测量"之间有没有界限呢？量子测量是一个尚在研究的复杂理论，量子力学中还专门有一个称为量子测量理论的领域，感兴趣的读者可以参考相关图书。

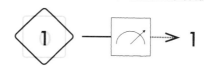

图 4.11　直到测量的那一瞬间，量子态才变为确定的状态

4.2.7 量子纠缠态的性质

　　人们常说，量子力学的魅力和量子计算机的威力是通过量子纠缠体现的。双量子比特的纠缠态是量子计算机中常见的量子态之一，具有十分重要的性质。如前所述，我们可以通过 H 门和 CNOT 门来创建这种纠缠态。笔者会在本小节就量子纠缠态的性质展开讲解，不过在此之前，要先对测量的概念进行补充说明。

◉在任意轴上测量量子比特

　　前面说过，测量的作用在于从叠加态中确定量子比特到底是 0 还是 1，进而读取量子比特的状态。实际上，这里所说的测量名为"计算基态（Z 轴）上的投影测量"。所谓计算基态，就是布洛赫球的 Z 轴。计算基态上的测量就是"从量子比特中读取非 |0⟩ 即 |1⟩ 的经典比特信息的测

[①]　此诠释称为哥本哈根诠释，除此以外还有其他诠释。

量"。之所以称之为"投影测量",是因为这一过程对应于将布洛赫球上的箭头投影到 Z 轴上(图 4.12)。

我们还可以在其他轴(基态)上进行类似的测量,例如将布洛赫球上的箭头投影到布洛赫球的 X 轴上进行测量。在布洛赫球的 X 轴上有两种状态,它们都处于 |0〉 和 |1〉 的概率均等的叠加态,其中一种状态的相位为 0°(0 弧度),另一种状态的相位为 180°(π 弧度)。我们将这两种状态分别称为正(+)状态(|+〉)和负(−)状态(|−〉)。因此,X 轴上的测量就是"从量子比特中读取非 |+〉 即 |−〉 的经典比特信息的测量"。根据测量结果,量子比特的状态要么是 |+〉,要么是 |−〉。

实际上,我们可以在贯穿布洛赫球球心的任意的轴上进行测量。如果将用于测量的轴的两端分别命名为 |a〉 和 |b〉,我们就可以进行"从量子比特中读取非 |a〉 即 |b〉 的经典比特信息的测量"。此时,根据测量结果,量子比特的状态要么是 |a〉,要么是 |b〉。

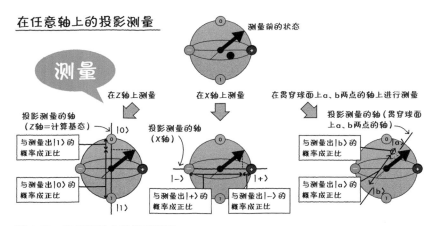

图 4.12　在任意轴上的投影测量

◉量子纠缠态的性质

如果从不同的轴上对处于量子纠缠态的两个量子比特进行测量,会得到怎样的结果呢?量子纠缠态又具有怎样的性质呢?

我们曾在 4.2.5 节中学习过两个量子比特的量子纠缠态,即当其中一

个量子比特为 | 0 〉时，另一个也为 | 0 〉；当其中一个为 | 1 〉时，另一个也为 | 1 〉 [(| 00 〉 + | 11 〉)/ $\sqrt{2}$]。这种类型的量子纠缠态具有如下性质。

- 只要在同一个轴上进行测量，两个量子比特间就存在完美的相关性（图 4.13）
- 若在两个正交的轴上进行测量，则不存在任何相关性（结果随机）
- 若在任意两个轴上进行测量，则相关性取决于这两个轴之间的角度差

量子纠缠态

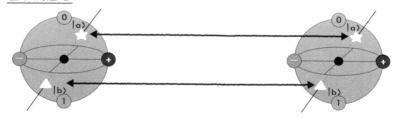

只要在同一个轴上进行测量，两个量子比特间就存在完美的相关性

图 4.13 在同一个轴上测量处于量子纠缠态的两个量子比特

首先，只要在同一个轴上进行测量，处于量子纠缠态的两个量子比特间就存在完美的相关性。例如，对于图 4.9 中的量子纠缠态，若在计算基态（Z 轴）上测量，则当其中一个量子比特为 | 0 〉时，另一个也为 | 0 〉，当其中一个为 | 1 〉时，另一个也为 | 1 〉。实际上无论是哪个轴，只要是同一个轴上的测量，这两个量子比特间就存在完美的相关性，即如果其中一个是 | a 〉，则另一个也是 | a 〉，其中一个是 | b 〉，则另一个也是 | b 〉。与随机测量出 | 0 〉和 | 1 〉一样， | a 〉和 | b 〉也是随机出现的。这种相关性称为量子相关。另外，如果在不同的轴上测量量子比特，相关性的强度就会随着测量中使用的两个轴之间的角度差而变化。当两个轴正交时，相关性为 0（不相关）。例如，对于上述两个处于量子纠缠态的量子比特，当其中一个在 Z 轴上测量，另一个在 X 轴上测量时，测量结果是完全随机（不相关）的，其中一个量子比特要么是 | 0 〉，要么是 | 1 〉，另一个则要么是

$|+\rangle$，要么是 $|-\rangle$。

其他类型的量子纠缠态的性质虽然不同于上述量子纠缠态的性质，但本质上并没有发生变化。例如，我们可以创建出这样一种量子纠缠态——在正交的轴上进行测量时，结果存在完美的相关性，在同一个轴上进行测量时，结果反倒不存在相关性。

量子相关是量子特有的现象，不可能通过经典现象实现（大家可以自行搜索贝尔不等式和阿斯佩实验等关键词来加深理解）。量子相关在量子计算中同样发挥着重要的作用。另外，后面介绍的量子隐形传态和相关量子电路利用的正是量子纠缠的性质。

4.3 量子门的组合

前面讲解了构成量子电路的量子门有什么功能。接下来，我们将尝试进行基本的量子计算。为此，要先看一下如何通过组合现有量子门来构造新的量子门，以及如何搭建简单的量子电路。

4.3.1 SWAP 电路

首先，笔者以 **SWAP 电路**（交换门）为例，介绍如何通过组合现有的量子门来构造新的量子门。SWAP 电路通过 3 个 CNOT 门的组合实现了交换 2 个量子比特状态的功能。图 4.14 展示了 SWAP 电路的真值表和由 3 个 CNOT 门构成的等效电路。我们可以一边回忆 CNOT 门的功能，一边检查 SWAP 电路的真值表。这样一来，只要将基本的量子门组合起来就可以构造出具有各种功能的量子电路。实际上，只要将 H 门和 T 门（请参考 4.1.2 节的真值表）巧妙地组合起来，就可以实现任意的单量子比特运算，如果在此基础上再使用 CNOT 门，就又可以实现任意的多量子比特的运算（即可以执行任意的量子计算）。因此，H 门、T 门和 CNOT 门都属于通用门集（通用量子运算集）。

	in		out	
$|0\rangle$	$|0\rangle$	$|0\rangle$	$|0\rangle$	
$|0\rangle$	$|1\rangle$	$|1\rangle$	$|0\rangle$	
$|1\rangle$	$|0\rangle$	$|0\rangle$	$|1\rangle$	
$|1\rangle$	$|1\rangle$	$|1\rangle$	$|1\rangle$	

SWAP电路（交换门）

用CNOT门构造SWAP电路

图 4.14　SWAP 电路

4.3.2 加法电路

下面，笔者来介绍量子加法电路。举个例子，2 个二进制数的和，可以通过图 4.15 所示的 4 个量子比特的量子电路来计算[1]。在量子电路中，操作的时间顺序一般是从左向右。最左侧的 4 个纵向排列的 |0⟩ 表示这 4 个量子比特各自的初始状态。正如本例中初始状态为 |0000⟩ 一样，在量子电路模型中，所有量子比特均为 |0⟩ 的状态一般为初始状态。请注意，初始状态并不是计算的输入。在量子电路中，计算的输入要用量子门的组合来表示。计算的输出（计算结果）则是对量子比特状态测量的结果。在量子加法电路中，计算的输入是由放置在"输入部分"的量子门的组合表示的。输入方法如图 4.15 所示。我们可以利用量子比特通过 X 门后就能从 |0⟩ 变为 |1⟩ 这一点来输入 1。在量子加法电路中，前两个量子比特的位置 a 和位置 b 上的量子态与输入相对应，后两个量子比特经过测量后的状态 c 和状态 d 与输出相对应。量子电路的计算部分由 3 个量子门构成，最左边的门称为 Toffoli 门（请参考 4.1.4 节的真值表），它将 CNOT 门的控制比特增加到 2 个，因此也称为 CCNOT（Controlled Controlled NOT）门。Toffoli 门仅当 2 个控制比特的输入为 |11⟩ 时，才将 X 门作用于目标比特。第 2 个量子门和第 3 个量子门都是 CNOT 门，第 3 个量子比特的测量结果 c 是计算结果的（从右往左数）第 2 位，第 4 个量子比特的测量结果 d 是计算结果的第 1 位。我们可以一边将 Toffoli 门和 CNOT 门的功能套用到前 2 个量子比特上，一边检查量子加法电路的真值表。

---

[1] 使用更简单的 3 个量子比特的量子电路也可以实现相同的功能（引自宫野健次郎和古泽明所著《量子计算机入门（第 2 版）》，该书暂无中文版）。

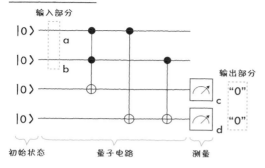

量子加法电路的真值表

in		out	
a	b	c	d
$\|0\rangle$	$\|0\rangle$	$\|0\rangle$	$\|0\rangle$
$\|0\rangle$	$\|1\rangle$	$\|0\rangle$	$\|1\rangle$
$\|1\rangle$	$\|0\rangle$	$\|0\rangle$	$\|1\rangle$
$\|1\rangle$	$\|1\rangle$	$\|1\rangle$	$\|0\rangle$

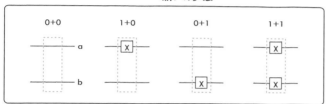

图 4.15　量子加法电路

4.3.3　通过加法电路实现并行计算

　　前面介绍的加法电路仅能执行与经典计算相同的计算，并不具备量子计算的意义。如果在量子电路的输入部分施加的是 H 门而不是 X 门，以此来输入叠加态，结果又将如何呢？如图 4.15 的右侧部分所示，当将 H 门分别作用于作为输入使用的 2 个量子比特后，这 2 个量子比特会处于 $|0\rangle$ 和 $|1\rangle$ 的概率均等的叠加态，即 a 和 b 均处于同时输入了 $|0\rangle$ 和 $|1\rangle$ 的状态。此时，该电路依然可以正常工作，位于输出部分的 c 和 d 在测量前的状态是 0+0、0+1、1+0 和 1+1 这 4 种计算结果概率均等的叠加态。看到这里，也许你不禁会说：这不就是量子计算嘛。既然能并行执行 4 个计算，那应该也能并行执行更多的计算，进而实现超并行计算，如果进一步增加输入的比特数，甚至还能瞬间完成大量计算。但是，现实并没有如

我们所愿。

这里的问题在于测量得到的计算结果是随机出现的。就算我们好不容易得到了"4 种计算结果（0+0、0+1、1+0 和 1+1）的概率均等的叠加态"，但若不知道在测量时会出现哪种结果，就无法得知结果到底是从这 4 种计算中的哪一种产生的，自然也就无法形成有意义的计算。因此，该量子电路虽然可以执行经典计算，但无法利用叠加态执行超越经典计算的量子计算（图 4.16）。那么，我们到底该如何实现更加优越的量子计算呢？答案会在 5.2 节揭晓。

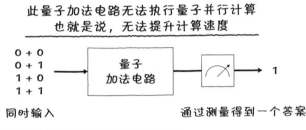

图 4.16　量子加法电路无法执行量子并行计算

4.3.4　可逆计算

可逆计算是量子计算的一种特殊性质。可逆计算就是可以逆转的计算，即可以从输出状态正确推断出输入状态的计算。经典计算中的 NOT 门就属于可逆计算，因为我们可以从输出值正确推断出输入值——若 NOT 门的输出为 0，则输入必为 1；若输出为 1，则输入必为 0。而对于 AND 门，若输出为 1，我们可以推断出输入必为 11，但如果输出为 0，那输入就有 00、01 或 10 这 3 种可能，我们无法确定输入到底是哪一种。由于计算不能逆转（无法根据输出计算输入），所以 AND 门不属于可逆计算。

总之，经典计算中的 AND 门和 NAND 门等，输入数不等于输出数的门都属于不可逆计算。反过来说，要想进行可逆计算，就要像 NOT 门那样，确保门的输入数必须等于输出数。

因此，稍加观察就会发现，在量子计算中，所有量子门的输入数和输出数都是相等的（图 4.17）。这就意味着量子计算是可逆计算。可逆计算的概念与"是否需要能量才能进行计算"等议题密切相关，而且在理论上已经有结论表明，执行可逆计算不需要能量（兰道尔原理）。虽说如此，但实际上我们很难制造出零功耗的量子计算机。

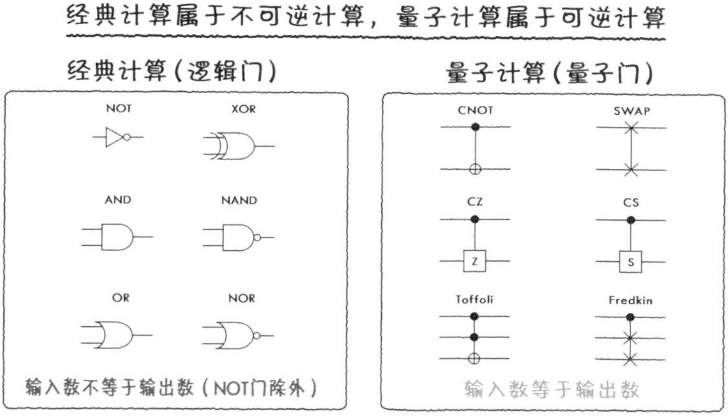

经典计算属于不可逆计算，量子计算属于可逆计算

经典计算（逻辑门）

NOT XOR

AND NAND

OR NOR

输入数不等于输出数（NOT门除外）

量子计算（量子门）

CNOT SWAP

CZ CS

Z S

Toffoli Fredkin

输入数等于输出数

图 4.17 逻辑门属于不可逆计算，量子门属于可逆计算

 专栏

什么是量子计算的通用性？

通用量子计算机中的"通用"是什么意思呢？这里的通用表示人们可以使用这样的量子计算机计算（模拟）可由量子力学解释的一切现象。人们已经认识到世界上发生的绝大多数物理现象可以用量子力学来解释。因此，如果我们能够准确地计算出量子力学的基本方程，理论上就可以解释世界上发生的绝大多数物理现象。另外，由于量子力学完全囊括了经典物理学（经典物理学是量子力学的近似），所以能够由遵循经典物理学规律运转的经典计算机求解的问题一定能通过量子计算机计算出相同的结果。

量子力学的基本方程称为薛定谔方程。薛定谔方程的正确性已经得到公认，因为通过该方程得出的结果与迄今为止进行的各种实验的结果一致。

薛定谔方程揭示出所有遵循量子力学规律的物理现象都会以名为么正时间演化的方法随时间发生变化。大自然也正按照么正时间演化的方法改变着这个世界。因此，只要能够计算出么正时间演化，我们就可以对所有可由量子力学解释的现象执行计算。我们可以将量子计算机想成一种用于计算量子比特的么正时间演化（执行么正变换）的设备。量子计算自然就是对么正时间演化的计算。量子计算（么正时间演化、么正变换）可以用量子门的组合来表示。因此，可以计算任何么正时间演化（么正变换）的设备就是通用量子计算机。

那么，如何评判某台量子计算机是否具备通用性呢？若要通过量子电路模型来体现量子计算机的通用性，需要用到若干量子门构成的集合。对经典计算机而言，只需使用 NAND 门的组合就可以实现所有经典计算。量子计算机可以通过"单量子比特门和 CNOT 门"体现其通用性。另外，由于可以通过组合使用 H 门和 T 门来制造其他单量子比特门，所以只要存在"H 门、T 门和 CNOT 门"的集合即可体现出量子计算机的通用性（纠错能力则需依赖 S 门）。通用量子计算机开发的最大目标是在机器上实现具备通用性的量子门集的组合（图 4.18）。

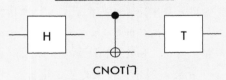

量子计算机的通用门集

图 4.18　量子计算机的通用门集

第 5 章

量子电路入门

　　量子电路模型是通过搭建的量子电路来执行量子计算的。本章，笔者将讲解使用量子电路完成简单量子计算的示例，并阐明什么样的机制能快速执行量子计算。

5.1 ‖ 量子隐形传态

本节将介绍著名的量子操作——量子隐形传态。量子隐形传态是简易量子电路的示例，也是公认的有助于呈现各种量子化物理现象（而不仅仅是计算方法）的示例。此外，在介绍基于测量的量子计算的基础知识时，人们往往也会将量子隐形传态作为这种计算方式的重要示例使用。

5.1.1 情景设定

首先来看**量子隐形传态**的情景设定。假设 A 和 B 二人分隔两地，A 想将一个量子比特的量子态 $|\Psi\rangle$ 发送给 B。$|\Psi\rangle$ 处于 $|0\rangle$ 和 $|1\rangle$ 这两种状态的叠加态（$\alpha|0\rangle + \beta|1\rangle$），二人都不知道表示这两种状态各自占比的系数 α 和系数 β。而且，二人之间只有仅支持经典通信（例如电话和邮件）的信道。这就意味着 A 无法向 B 发送量子态。也就是说，将测量结果作为经典信息（经典比特）发送给 B 的方法不可行。这是因为一旦进行测量，量子态就会遭到破坏，原始的量子态无法得到还原（图 5.1）。综上所述，A 不得不考虑一种在不破坏量子态的前提下将其发送给 B 的方法。

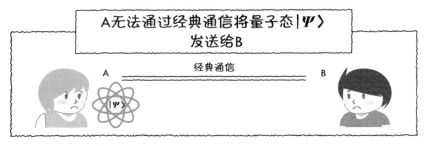

图 5.1 量子隐形传态的情景设定

5.1.2 两个量子比特的量子纠缠态

量子隐形传态是一种在不破坏量子态的前提下使用经典通信发送量子

态的方法。为了实现量子隐形传态，A 和 B 在远离对方之前，需要先制备出两个处于**量子纠缠态**的量子比特，并各持有一个量子比特。量子纠缠态是两个具有特殊相关性（量子相关）的量子比特所呈现出的状态。我们可以通过 4.2.5 节介绍的量子门创建出该状态。具体来说，就是先以状态 $|00\rangle$（两个量子比特均为 $|0\rangle$）为初始状态，然后向其中一个量子比特施加 H 门，使其处于概率均等的叠加态，之后向 CNOT 门的控制比特输入该叠加态，向目标比特输入另一个状态 $|0\rangle$。此时，CNOT 门的输出将处于状态 $|00\rangle$（当控制比特为 $|0\rangle$ 时，目标比特依然是 $|0\rangle$）和状态 $|11\rangle$（当控制比特为 $|1\rangle$ 时，相当于向目标比特施加了 NOT 门，目标比特变为 $|1\rangle$）概率均等的叠加态。这两个量子比特的状态可表示为 $1/\sqrt{2}\,|00\rangle$ $+1/\sqrt{2}\,|11\rangle$，即其中一个量子比特为 $|0\rangle$，另一个也一定为 $|0\rangle$，其中一个为 $|1\rangle$，另一个也一定为 $|1\rangle$。处于该状态的两个量子比特具有特殊的性质（量子相关）。无论 A 和 B 相距多远，只要得知了其中一方的测量结果，另一方持有的量子比特的状态也就明确了。两个量子比特仿佛彼此纠缠在一起，因此我们把这种状态称为量子纠缠态（图 5.2）。另外，处于量子纠缠态的两个量子比特具有特殊的相关性，即只要是在同一个轴上进行测量，结果就一定是相关的。量子隐形传态正是利用了量子相关的性质。假设 A 和 B 已经制备出了两个处于量子纠缠态的量子比特，并且各持有一个量子比特，然后他们远离了对方，那么现在该如何发送量子态 $|\Psi\rangle$ 呢？

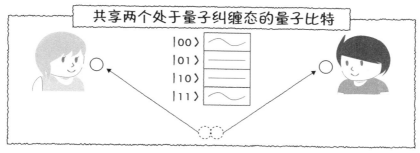

图 5.2　共享两个处于量子纠缠态的量子比特

5.1.3 量子隐形传态

现在，分隔两地的 A、B 制备好了一对处于量子纠缠态的量子比特，并各持有一个量子比特。下面我们来看一看，如何借助这对量子比特将 A 手中未知的量子比特 $|\Psi\rangle$ 发送给 B。首先，A 会将自己持有的那一个量子比特和待发送的量子态 $|\Psi\rangle$ 输入进 CNOT 门，此时，控制比特上的输入为 $|\Psi\rangle$，目标比特上的输入为自己持有的那一个量子比特。接下来，A 会向 CNOT 门控制比特的输出施加 H 门，随后测量输出的两个量子比特。由量子门的计算规则可知，测量结果是等概率出现的 $|00\rangle$、$|01\rangle$、$|10\rangle$ 和 $|11\rangle$ 这四种状态中的一种（每种状态出现的概率都是 25%，这里暂不涉及量子门的计算细节）。接下来，A 将通过经典通信手段告知 B 测量出的状态。假设测量出的结果是 $|00\rangle$，A 就可以通过电话等方式告诉 B 测量结果是 $|00\rangle$。B 得知测量结果后，就可以对自己持有的量子比特施加量子门操作。如果 A 告知的结果是 $|00\rangle$，则 B 什么都不用做；如果 A 告知的结果是 $|01\rangle$，则施加 X 门；如果 A 告知的结果是 $|10\rangle$，则施加 Z 门；如果 A 告知的结果是 $|11\rangle$，则需要先施加 X 门再施加 Z 门。经过这样一番量子操作，B 所持有的量子比特的状态就会变为量子态 $|\Psi\rangle$。无论 A 的测量结果是这四种状态中的哪一种，也不管 $|\Psi\rangle$ 最初处于何种状态，量子隐形传态都会成功。于是，A 就能将 $|\Psi\rangle$ 完好无损地发送给 B 了（图 5.3）。

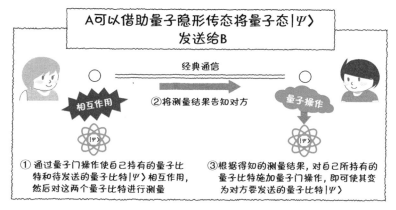

图 5.3　量子隐形传态

5.1.4 使用量子电路表示量子隐形传态

在上一节中，笔者介绍了量子隐形传态的操作过程。本节我们将学习如何使用量子电路表示量子隐形传态（图 5.4）。首先，A 和 B 二人各持有一个处于状态 $|0\rangle$ 的量子比特，这两个量子比特通过 H 门和 CNOT 门后就会处于量子纠缠态。至此，准备工作就绪。接下来，待二人彼此远离后，A 会对待发送的量子态 $|\Psi\rangle$ 和自己所持有的那一个量子比特施加 CNOT 门和 H 门，然后进行测量。所施加的 CNOT 门表示相互作用，量子电路图中上方的测量表示在 X 轴上进行的测量（可通过施加 H 门并在计算基态上进行测量实现），下方的测量表示在 Z 轴上进行的测量。完成测量后，A 会通过经典通信手段将测量结果告知 B，B 则会根据测量结果将 X 门或 Z 门（或者 X 门和 Z 门）施加到自己那一个量子比特上。在量子电路图中，经典通信用双实线表示。若顶部的量子比特（待发送的量子态 $|\Psi\rangle$）的测量结果为 1，B 就要对自己持有的那一个量子比特施加 Z 门；若量子电路图中间的量子比特（A 持有的那一个量子比特）为 1，B 就要对自己持有的那一个量子比特施加 X 门。通过这一系列操作，B 所持有的那一个量子比特就会变为量子态 $|\Psi\rangle$，从而完成量子隐形传态。

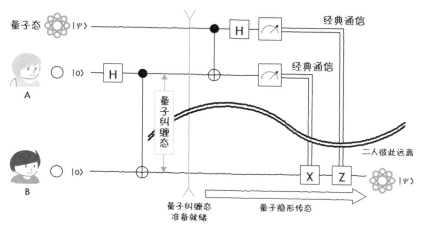

图 5.4　量子隐形传态的量子电路

5.1.5 量子隐形传态的特点

量子隐形传态与两个能够凸显量子力学特点的现象密切相关。它们分别是"乍看之下好像能借助量子隐形传态进行超光速通信"的现象，以及量子隐形传态例证了的"量子态无法复制"的现象（量子的不可克隆原理）。

首先，与量子力学（量子论）齐名的另一物理学基本理论——相对论指出，通信速度不可能超越光速。然而，对处于量子纠缠态的量子比特对而言，无论两个量子比特相距多远，我们都可以根据其中一个量子比特的测量结果来确定另一个量子比特的状态。这就给人一种测量结果的传播速度比光速还要快的错觉，但事实上，在量子隐形传态的过程中，B 若不借助无法超越光速的经典通信手段就不可能获得未知的量子态 $|\Psi\rangle$，A 也无法以超越光速的速度传递**有意义的信息**。也就是说，通过经典通信手段发送测量结果的环节才是关键点。其次，根据量子力学中的不可克隆原理，不可能同时存在两个 $|\Psi\rangle$，哪怕只有一瞬间。在量子隐形传态的过程中，A 将量子态 $|\Psi\rangle$ 发送给了 B，而 B 只有在得知了 A 的测量结果之后才能获得 $|\Psi\rangle$。事实上，就在 $|\Psi\rangle$ 因 A 的测量而遭到破坏时，同一个 $|\Psi\rangle$ 又出现在了 B 那里。由于量子态无法复制，所以量子计算机根本不支持复制粘贴之类的操作。从这一点就能看出，量子计算机与我们日常使用的经典计算机之间有着巨大差异（图 5.5）。

即使是用到了量子纠缠的量子
隐形传态，也无法实现超光速通信

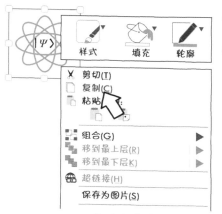

无法复制量子态

图 5.5　量子隐形传态的特点

5.2 || 高速计算的机制

我们曾在 4.3.2 节中搭建过一个量子加法电路，但并没有得到通过量子计算提升计算速度的效果。这是因为就算输入的是叠加态，也无法通过该量子电路执行有意义的计算。为了借助量子计算实现速度上远超经典计算的计算，我们需要在量子电路的设计上多花些心思。本节将说明我们应该从哪方面下手才能实现高速计算，以及波的**干涉**性质在提升计算速度方面发挥着怎样重要的作用。

5.2.1 波的干涉

量子比特在计算过程中有一定的概率振幅和相位，因此我们可以将量子比特的状态 0 和状态 1 分别视作一列波，而量子计算的操作能够让这两列波发生干涉。下面，我们先来看一看什么是波的干涉。

两列波相遇后会发生什么呢？不难想象，当波峰和波峰，或波谷和波谷相遇时，会形成幅度更大的波（振幅增大），这种现象称为相长干涉（又称建设性干涉）；反过来，当波峰和波谷，或波谷和波峰相遇时，波会因峰谷之间的抵消而变得更为平坦（振幅减小），这种现象称为相消干涉（又称摧毁性干涉）。两列波的相遇所引起的振幅变化就是波的**干涉效应**（图 5.6）。干涉效应到底会使振幅增大还是减小，取决于这两列波的相位差。

要想借助量子计算机（特别是量子电路模型）实现高速计算，关键在于使量子比特的波发生干涉。我们首先要制备好大量量子比特，然后将一个个量子比特状态的组合与一列列波对应起来，最后让这些波通过量子电路发生干涉，这样就可以执行量子计算了。由于计算时干涉的方式会随相位的变化而变化，所以相位在量子计算中有着非常重要的作用。下面，笔者将讲解实际的计算机制和高速计算的原理。

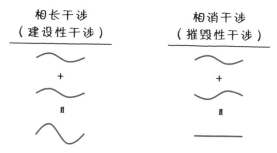

图 5.6 波的干涉效应

相长干涉
（建设性干涉）

相消干涉
（摧毁性干涉）

5.2.2 同时保留所有状态：叠加态

　　量子比特可以同时处于状态 0 和状态 1，这两种状态都有各自的概率振幅和相位。在操作基于量子电路模型的量子计算机时，我们首先要制备大量量子比特，然后通过将所有量子比特置为状态 $|0\rangle$ 来完成初始化。状态 $|0\rangle$ 就是 0 的概率振幅为 1.0（100%），1 的概率振幅为 0.0（0%）的状态。之后，我们就可以根据量子算法既定的量子电路对各量子比特执行量子门操作了。

　　量子比特只要通过了量子门，其状态就会发生改变，即概率振幅和相位会发生变化。例如，若状态 $|0\rangle$ 的量子比特通过的是刚刚提及的 H 门，其状态就会处于 0 和 1 的概率均等（各占 50%）的叠加态。因此，若 n 个量子比特都通过了 H 门，那么这 n 个量子比特都会处于 0 和 1 的概率均等的叠加态（$n=3$ 的情况如图 5.7 所示）。既然每个量子比特都处于 0 和 1 的概率均为 50% 的状态，我们就来思考一下，n 个量子比特经过测量后有可能会产生多少种状态。例如，有可能出现从第 1 个量子比特到第 n 个量子比特均为 0 的情况。也就是说，我们有可能获得 "000000...0" 这种包含 n 个 0 的状态的计算结果。当然也可能出现从第 1 个量子比特到第 n 个量子比特均为 1 的情况，即计算结果为 "111111...1" 这种包含 n 个 1 的状态。除此以外，还有可能出现 "010101...1" 等情况。n 个比特的二进制数所能表示的状态共有 2 的 n 次方种，而测量出其中每种状态的概率都是相等的。这就意味着，只要不进行测量，就能实现 n 个二进制数所能表示的

所有状态（共计 2 的 n 次方种）的叠加态。不过，每种状态的概率都很小，仅为 2 的 n 次方分之一。

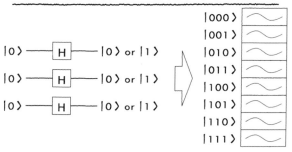

3个量子比特处于0和1的概率均等的叠加态

图 5.7　3 个量子比特处于 0 和 1 的概率均等的叠加态

5.2.3　概率振幅的放大和结果的测量

综上所述，由于量子计算机能够同时处理多种状态，所以只要使用得当，就能执行超并行计算。这正是量子计算机实现高速计算的机制。前面提到，n 个量子比特全部通过 H 门后，这 n 个量子比特都会处于 0 和 1 的概率均等的叠加态，从而实现 "000000...0" 到 "111111...1" 的所有状态。每种状态的概率振幅表示实际测量出该状态的概率，它们均为 2 的 n 次方分之一的平方根（当 n 较大时，概率振幅将变得非常小）。而且，通过 H 门后，所有状态的相位都是相同的。于是，我们可以再通过 Z 门等量子门来使相位发生改变。在 Z 门的作用下，哪些量子比特通过了 Z 门，其状态的相位就会翻转 180°（$n=1$ 的情况如图 5.8 所示）。当这些量子比特再次通过 H 门后，就会因概率振幅的干涉效应，出现某些状态的概率振幅有所增大，某些状态的概率振幅有所减小的现象。H 门在这里的作用是使各状态的波产生干涉。这样一来，只要使量子比特通过各种量子门，就可以巧妙地让状态的概率振幅产生干涉。所谓的量子算法其实就是对量子电路进行设计（量子门的顺序和组合），只增大正确计算结果对应的状态的概率振幅，通过相互抵消减小错误答案对应的状态的概率振幅。

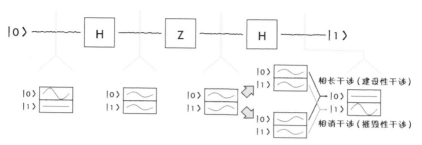

图 5.8 单量子比特电路中的量子干涉示例

如图 5.9 所示，只要向中间的量子比特施加 Z 门，即可搭建出一个量子电路，使得测量结果中只有 |010⟩ 这个状态的概率最高。右侧的 H 门则在其他状态上引起了相消干涉的效应。该量子电路所实现的功能虽然还远称不上计算，只不过是将状态 |000⟩ 转换成状态 |010⟩，但也足以充当一个简单示例，帮助我们理解量子电路中的干涉效应。

人们只要设计出巧妙的量子算法，搭建出更加复杂的量子电路，量子计算机就可以以远超经典计算机的速度得出计算结果。这就是量子计算机能够实现高速计算的机制。

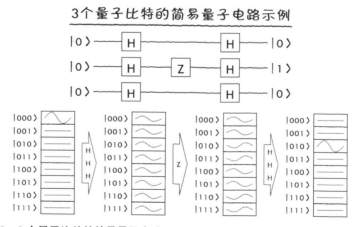

图 5.9 3 个量子比特的简易量子电路示例

5.2.4 通过量子计算机提升计算速度: 探测隐藏的周期性

下面,笔者以稍微复杂一些的量子电路为例来说明量子计算的实用性。**量子傅里叶变换**（Quantum Fourier Transform,QFT）是一种典型的量子计算,相应的量子电路简称为 QFT 电路。QFT 电路会根据输入的状态,输出相位上具有周期性的量子态。图 5.10 展示了带有 3 个量子比特的 QFT 电路。QFT 电路是由前面介绍过的量子门组合而成的,其内部结构较为复杂,本节为了简化说明,仅介绍其功能,暂不深究内部细节。

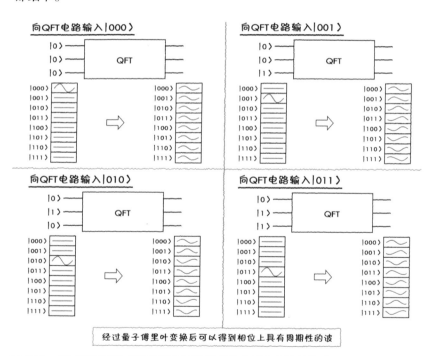

图 5.10 经过量子傅里叶变换后可以得到相位上具有周期性的波

在 3 个量子比特的 QFT 电路中，当输入为 | 000 〉时（如图 5.10 左上方所示），输出为从 | 000 〉至 | 111 〉这 8 种状态的概率均等的叠加态。这与通过 3 个 H 门的效果相同。当输入为 | 001 〉时（如图 5.10 右上方所示），虽然同样能够得到从 | 000 〉至 | 111 〉这 8 种状态的概率均等的叠加态，但从图中我们可以看出，任意两列波之间均存在相位差，而相位从 | 000 〉到 | 111 〉恰好偏移了 1 个周期。接下来，我们输入状态 | 010 〉（如图 5.10 左下方所示），得到的依然是发生了相位偏移的概率均等的叠加态。此时，相位从 | 000 〉到 | 011 〉偏移了 1 个周期，从 | 100 〉到 | 111 〉又偏移了 1 个周期，刚好总共偏移了 2 个周期。当输入为 | 011 〉时（如图 5.10 右下方所示），得到的是相位刚好偏移了 3 个周期的概率均等的叠加态。由此可见，QFT 电路的作用是根据作为输入的量子比特状态，输出相位上具有周期性的量子比特状态。

反向应用 QFT 电路的功能即可探测出隐藏的周期性。QFT 电路的逆变换电路称为**量子傅里叶逆变换（Inverse QFT，IQFT）电路**。如图 5.11 所示，IQFT 电路交换了 QFT 电路的输入输出功能。因此，只要输入的是在相位上具有周期性的量子态，IQFT 电路就能输出对应于该周期的状态，因为只有该状态的概率振幅在 IQFT 电路产生的干涉效应的作用下得到了放大。从测量结果来看，IQFT 电路相当于**周期性探测电路**，能够检测出隐藏在输入状态相位中的周期性。

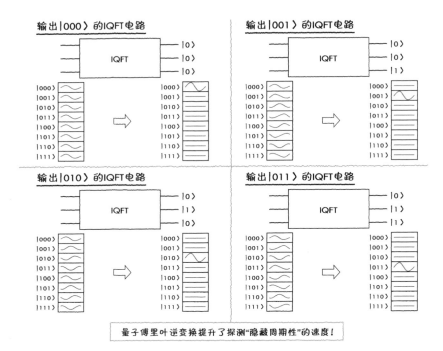

图 5.11　量子傅里叶逆变换提升了探测"隐藏周期性"的速度

　　在比经典计算更快的量子计算中，IQFT 电路经常作为量子算法的一部分使用。利用波的干涉效应探测隐藏周期性的步骤在高速运行量子计算方面发挥了决定性的作用。此外，IQFT 电路还是 **Shor 算法**（用于快速分解质因数）中的一环。

5.2.5　量子纠缠态

　　我们来回顾一下在量子计算中发挥了重要作用的量子纠缠态。量子纠缠态会出现在量子隐形传态的过程中，体现了量子间的相关性。只要测量出其中一个量子比特的状态，另一量子比特的状态就会瞬间确定下来。量子隐形传态使用的是两个量子比特的量子纠缠态，可由 H 门和 CNOT 门生成。随着量子电路复杂度的增加，量子纠缠态将不仅限于在两个量子比特之间出现，还会以规模更大的形式出现。到了那时，我们就无法通过一个布洛赫球表示各个量子比特的状态了，只能分情况描述。虽然将前面讲解过的各种量子门组合起来就能搭建出实现 Shor 算法和 Grover 算法等量子算法的量子电路，但这些量子电路极其复杂，还伴随着大规模的量子纠缠态，因此我们只能逐个研究测量出的每种组合，无法单独就计算过程中量子比特的各个状态进行研究。这也是布洛赫球不适合表示多量子比特的原因。因此，我们使用波来表示量子比特，将测量后每种状态对应的波纵向排列。

总之，在量子电路模型的量子计算中，量子纠缠态随处可见，而量子电路正是以量子纠缠态为计算资源进行量子计算的（图 5.12）。

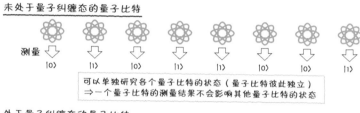

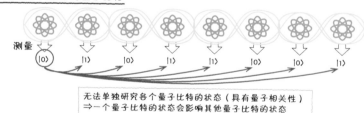

图 5.12　量子计算中的量子纠缠示意图

5.2.6　小结

关于计算机能够实现高速计算的机制，以下几点内容非常重要。

- 作为量子计算基础的量子力学指出，波动性和粒子性可以并存
- 量子比特是量子计算的基本单位，在测量前具有波动性，可处于状态 $|0\rangle$ 和状态 $|1\rangle$ 的叠加态

- 量子比特一经测量，其粒子性就会体现出来，瞬间处于非 |0〉即 |1〉的状态
- 各状态被测量出来的概率取决于该状态对应的波的复振幅绝对值的平方（概率振幅的平方）
- 量子计算机在执行量子计算时，会通过由大量量子门组成的量子电路来操作量子比特，并利用波的干涉效应仅对目标状态的概率振幅进行放大
- 我们可以利用 IQFT 电路快速探测出隐藏在输入状态中的周期

量子计算为何能够在速度上远超经典计算呢？究其原因，关键在于量子计算机可以通过波的干涉同时改变多个状态的概率振幅，并仅对目标量子态的概率振幅进行放大（图 5.13），经典计算中则无法实现概率振幅的抵消和放大等干涉效应。

量子计算机通过"概率振幅的干涉"实现高速计算

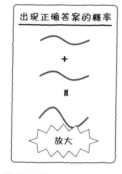
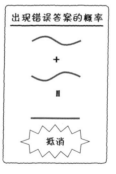

图 5.13 高速计算的机制

专栏

量子力学中不可思议的测量结果

■ 波函数坍缩

量子力学中的波函数坍缩，是指量子比特一旦经过测量（也称为观测），其状态就会发生变化，从状态 0 和状态 1 的叠加态变为

非 0 即 1 的确定状态。这意味着测量前的量子态如同波（波束）一般，而测量后量子态会坍缩成粒子。这种现象显然超出了我们的认知范围，常作为展示量子力学不可思议之处的经典示例使用，其中最著名的当属"薛定谔的猫"。不过，波函数坍缩现象只是多种诠释方法中的一种，称为哥本哈根诠释。除此以外，还有休·艾弗雷特三世（Hugh Everett III）提出的多世界诠释等量子力学诠释，量子计算机创建者之一的多伊奇也是多世界诠释的支持者。

■ 计算中的测量

如前所述，"测量"量子比特的状态在量子计算机中具有特殊含义。在经典计算机中，无论是在计算结束时还是在计算过程中，我们都可以随时读取计算过程中的比特（存储在存储器中的信息），无论读取多少次，都不会影响计算的正常执行。但在量子计算机中，一旦在计算过程中读了量子比特的值，量子比特的状态就会因测量而发生变化。无论采用的是量子电路模型还是量子退火，我们都不能在计算过程中（在量子门操作或退火操作期间）对量子比特的状态执行不必要的读取操作。在计算过程中对量子比特进行多余的测量就相当于引入了噪声（这种噪声称为退相干），而噪声必将导致计算结果出错。因此，只有在计算结束时为了获取计算结果，才能测量量子比特。不过，在某些情况下（如基于测量的量子计算），我们也可以利用测量引起的状态变化执行量子计算。

第6章

量子算法入门

　　本章，笔者将讲解以量子计算机为中心的整个系统和量子算法的作用，并介绍已知的能够在计算速度上远超经典计算的典型量子算法。

6.1 ‖ 量子算法的现状

　　Shor 算法和 Grover 算法都是著名的量子计算机算法。研究人员普遍认为这两种算法的速度在理论上已经超越了经典计算机上算法的速度。但是，这两种算法都是以通用量子计算机为前提的，也就是说它们必须具备容错性，因此实现起来比较困难。

　　目前，研究人员正在研发具有几十至上百个量子比特的、有噪声的非通用量子计算机（NISQ）。因此，除 Shor 算法和 Grover 算法之外，在 NISQ 上也具有实用性的量子经典混合算法的研究也在推进中（图 6.1）。

　　下面，笔者先介绍 Grover 算法和 Shor 算法，然后讲解量子经典混合算法。

图 6.1　量子算法的现状

6.2 ‖ Grover 算法

Grover 算法是一种用于求解搜索问题的算法，其计算速度能够超越经典计算机上的同类算法。该算法使用的振幅放大方法，为其他量子算法提供了重要的参考示例。

6.2.1 概述

我们可以使用 Grover 算法来求解搜索问题。什么是搜索问题呢？本书中所说的搜索问题是指如何找到满足特定条件的事物。下面，我们以搜索特定路径的"哈密顿圈问题"（Hamilton circuit problem）为例来思考求解方法。

哈密顿圈问题是指能否找到一条经过多座城市后回到起点，且沿途每座城市仅经过一次的环路。

下面，请大家结合图 6.2 中左侧的地图，思考如何求解是否存在环路的问题。对于这类问题，通常的求解思路是从起点出发，逐一经过每座城市，并通过反复尝试各条岔路来找出一条路径，使得我们沿途仅经过每座城市一次且最终还能回到起点。按照这种思路，除对所有可能的路线展开地毯式搜索以外，别无他法。不难发现，随着城市数量的增加，路线的数量将呈指数级增长。这就意味着即使借助计算机，也难以对所有路线展开地毯式搜索（哈密顿圈问题是一个著名的 NP 完全问题）。不过，只要我们找到了一条环路，便可以轻松证明地图上存在环路。也就是说，这类搜索问题属于"难以求解但易于确认答案是否正确"的问题。

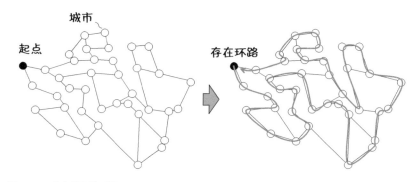

图 6.2 哈密顿圈问题

　　量子计算机或许可以高效地求解这类问题。Grover 算法利用多个量子比特的状态表示所有路线，并通过由量子门构成的判断电路来判断某条路线是否为满足条件（通过所有城市）的环路。结果表明，若有 N 条候选路线，计算大约 $\sqrt{N}$ 次即可找到答案。传统的地毯式搜索需要检查差不多 N 次，即大约需要计算 N 次，相比之下仅需计算 $\sqrt{N}$ 次还是非常快的。

6.2.2 量子电路

　　Grover 算法的量子电路图如图 6.3 所示。该量子电路会先向输入的量子比特施加 H 门，然后反复对其施加 Grover 算子（下文称为 G 电路）。G 电路由前文介绍过的量子门组合而成，这里省略其中的细节，仅讲解其作用。

　　在 Grover 算法的量子电路中，我们先通过 H 门生成所有状态概率均等的叠加态。然后，将待搜索的所有路线与该叠加态中的各状态一一对应起来。也就是说，问题被设定为把从 $|000...0\rangle$ 到 $|111...1\rangle$ 的所有状态逐一对应到不同的路线上，并从中搜索满足条件（通过所有城市）的环路。假设对应于 $|010010\rangle$ 这一状态的路线就是满足条件的环路。当然，在计算之前，我们还不知道满足条件的环路就是 $|010010\rangle$，但我们有能够判定输入的某种状态是否满足条件的量子电路（一般称为谕示，这里我们称之

为判定电路)。

也就是说，虽然我们能够判定某一（对应于路线的）量子态是满足条件的状态（解），但**不知道满足条件的具体是哪种状态（哪条路线）**。这就是 Grover 算法的问题设定。

虽然采用逐一向该判定电路输入所有状态的方法也能找到解，但当待搜索的状态数（候选解的数量）为 N 时，必须输入大概 N 次才能找到结果，而且 N 越大需要的时间越久。由于判定电路是量子电路，所以我们也可以向其输入叠加态，即可以同时向其输入所有状态（所有候选解）。如果能够巧妙地搭建量子电路，那么只放大待搜索的目标状态的概率振幅，输入大约 $\sqrt{N}$ 次所有状态的叠加态，就能找到目标状态，这远比输入 N 次要快。

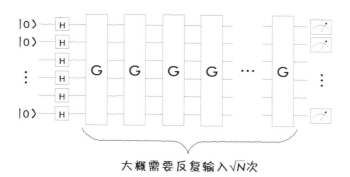

大概需要反复输入 $\sqrt{N}$ 次

图 6.3　Grover 算法的量子电路图

下面介绍 G 电路的作用。图中第一个 G 电路的输入是概率均等的叠加态。G 电路由两部分构成，其中一部分是判定电路，用于翻转待搜索的目标状态的相位。输入状态的概率振幅如图 6.4 所示。可以看到，在概率均等的叠加态中，只有待搜索的目标状态的概率振幅带上了负号（相当于相位翻转）。因此，判定电路的作用是标记待搜索的目标状态。G 电路的另一部分是增幅电路，用于放大判定电路刚刚标记出的目标状态的概率振幅。概率振幅放大的方式是沿输入状态的概率振幅的平均值翻转。翻转后，应该只有相位相反（带有负号）的概率振幅才会与平均值的距离较远，因此沿平均值翻转 [1] 就能放大概率振幅。

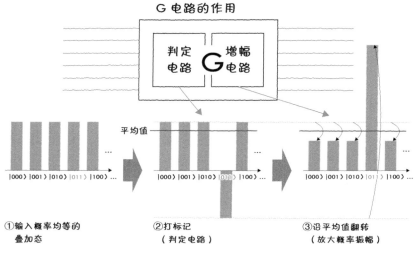

图 6.4　G 电路的作用

　　综上所述，通过一次 G 电路后，待搜索的目标状态的概率振幅就会放大，目标状态被测量出来的可能性也会变大。但是，仅通过一次 G 电路并不能使其他状态的概率振幅降得足够低，这就无法保证测量后我们能够得到正确的解。不过，可以增加输入的状态通过 G 电路的次数来进一步增大解的概率振幅。假设在 3 个量子比特形成的 8 种状态中，状态 $|011\rangle$ 是解，那么我们可以用波的形式和概率振幅描述获取该状态时 G 电路的状况（图 6.5）。当有 N 个候选解时，由于只要通过大约 $\sqrt{N}$ 次 G 电路，我们就有足够的把握得到正确的解，所以可以认为 Grover 算法的计算量量级为 $\sqrt{N}$。Grover 算法（用大 O 表示法）的时间复杂度是 $O(\sqrt{N})$，相对于使用穷举搜索的经典算法的时间复杂度 $O(N)$ 来说，仅需 $1/\sqrt{N}$ 的时间即可

---

[1]　所谓"沿平均值翻转"就是将输入状态的概率振幅调整为"$\mu+(\mu-\alpha_x)$"，其中 μ 是概率振幅的平均值，α_x 为某个输入状态 x 的概率振幅。这样一来，当 α_x 为正而 μ 为负时，翻转后的概率振幅就会比平均值小 $(\alpha_x-\mu)$；当 α_x 为负而 μ 为正时，翻转后的概率振幅就会比平均值大 $(\mu-\alpha_x)$。——译者注

得到解。这也证明了该算法在速度上超越了经典算法。但是，由于计算量是根据 G 电路（可视作子程序）的调用次数估算出来的，所以实际的计算时间是否远少于经典算法尚无定论。

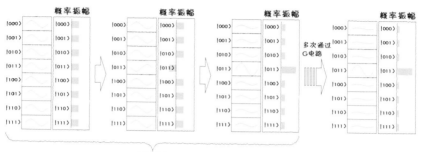

图 6.5　用波的形式和概率振幅描述 G 电路

6.3 ‖ Shor 算法

Shor 算法由秀尔于 1994 年公开，是首个具有实用性的量子算法。在此之前，还没有先例表明量子计算机能够以比经典计算机更快的速度求解实际问题〔Grover 算法是此后由洛弗·格罗弗（Lov Grover）于 1996 年发现的〕，因此，当时人们并不是特别关注量子计算机。然而，Shor 算法一经问世便引起轰动，原因是它能够提升质因数分解的计算速度，是一种能够动摇现代密码系统根基的算法。量子计算机的研究也由此开始受到关注。

6.3.1 概述

质因数分解是指将合数分解为质数相乘的形式（图 6.6）。例如，合数 30 可以分解为 $5 \times 3 \times 2$。而且，所有合数仅与一组质数相乘的形式相对应。

质因数分解有什么用呢？实际上，"大数的质因数分解"有一个特点，那就是即便借助现代计算机也很难计算出结果。例如，我们可以试着对 6 265 590 688 501 这个数进行质因数分解。该数过大，笔算或用计算器计算都不现实。如果使用计算机来计算，可以知道答案是 12 978 337 × 482 773。12 978 337 和 482 773 都是质数。在使用计算机求解该问题时，最简单的方法是从最小的质数 2 开始，用这个大数依次除以各个质数。如果可以整除，则说明这个质数是要查找的质数之一。不过，482 773 是第 40 227 个质数，这就意味着计算机不得不进行 40 227 次除法运算。如果是这种程度的计算量，现代计算机还足以应付，但如果对更大的数进行质因数分解，计算量就会陡然增加，用现代计算机计算几年甚至十几年也计算不出结果。像这样的大数，我们很容易就能找到。

质因数分解还有一个特点，那就是容易判断（确认）给出的答案是否正确。例如，计算 12 978 337 × 482 773 非常容易，计算机仅需执行一次乘法运算即可算出结果为 6 265 590 688 501。这远比计算质因数分解要简单。由此可见，质因数分解也具有类似于搜索问题的"难以求解但易于确认答案是否正确"的特点。

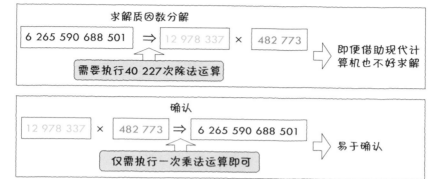

质因数分解属于"难以求解但易于确认答案是否正确"的问题

图 6.6   质因数分解

具有这个特点的问题属于"单向函数"问题。单向函数广泛用于加密（特别是公钥加密）算法中。加密的基本原则是若不知道密钥就很难破解密码，但只要知道密钥，就很容易解密。数学上的单向函数具有与此类似的性质。实际上，RSA 加密正是通过基于质因数分解的单向函数确保了互联网的安全性。

但如果使用量子计算机，说不定就能高速求解实际使用的质因数分解问题。这一切一旦成为现实，一直以来使用的加密算法就可能会失效，进而对整个社会造成巨大冲击。不过，研究人员也正在加紧研发防止密码被量子计算机破解的加密算法（抗量子密码）。

那么，我们到底该如何使用量子计算机进行质因数分解呢？ Shor 算法的实现方式（图 6.7）是先巧妙地使用量子门搭建出量子计算部分，然后将其放入质因数分解算法中，以此来提升质因数分解的速度。该算法自 1994 年问世以来，一直是人们研发量子计算机的强大动力之一。然而，要想通过 Shor 算法破解目前实际使用的加密算法（如 2048 比特的 RSA 加密），还需要用到具备容错能力的量子计算机，以及千万乃至上亿级别的量子比特。而量子计算机现在还处于仅拥有几十个量子比特的阶段，因此从目前来看，使用 Shor 算法破解加密算法的做法并不现实。

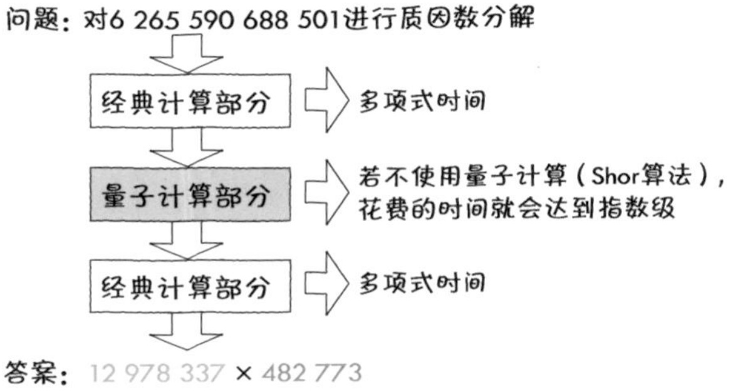

问题：对 6 265 590 688 501 进行质因数分解

答案：12 978 337 × 482 773

图 6.7　Shor 算法

6.3.2　计算方法

　　Shor 算法能够快速对大数进行质因数分解，具体流程如图 6.8 所示。只有位于中间的求阶环节属于量子计算部分，由量子计算机执行计算。若在经典计算机上执行计算，求阶环节的计算量将会非常庞大，但到了量子计算机上，该环节的时间复杂度仅为构成待分解的数的比特数（L）的立方。由于该算法的其他环节即使在经典计算机上也可以以不超过 L 立方的时间复杂度完成，所以我们说 Shor 算法能够以 L 立方的时间复杂度进行质因数分解。

　　下面笔者简要说明一下图 6.8 所示的流程。首先，检查待进行质因数分解的数 M，看看能否直接通过经典计算将其分解（步骤 1）。然后，准备一个小于 M 的数 x，并将 x 与 M 一起输入名为求阶的量子算法中（步骤 2）。求阶算法是一种使用量子傅里叶逆变换来发现隐藏周期的算法，通过该算法我们可以找到一个名为阶 r 的数，接下来就可以使用准备好的数 x 和阶 r 求出 M 的质因数 p 了（步骤 3）。gcd 表示最大公约数。大多数现代密码系统使用了"隐藏的周期性"，将周期性隐藏在看似杂乱无章的随机数中来进行加密。发现这种隐藏的周期性对经典计算机而言绝非易事，但对量子计算机来说就不是什么难事了。因此，应用量子傅里叶逆变换发现周期的算法具有非凡的意义。

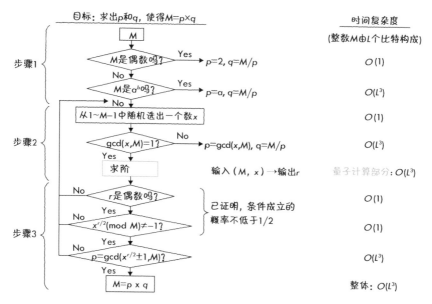

图 6.8　计算方法的流程图

目前，研究人员认为相较于经典计算机上最快的算法，Shor 算法在速度上有指数级的提升，能够快速进行质因数分解。但是，尚未证明相对于所有经典计算机上的算法，Shor 算法都能达到指数级的提升。将来研究人员也有可能会发现效率更高的经典质因数分解算法。

6.4 量子经典混合算法

目前，研发量子计算机的当务之急是研发适用于 NISQ 的实用算法。量子经典混合算法同时使用非通用量子计算机和经典计算机来求解经典计算机难以求解的问题，是目前较为热门的研究课题。虽然噪声可能导致计算结果出错，但为了使用 NISQ 执行有意义的计算，研究人员正在积极开展研究，凡是经典计算机能够执行的计算依然充分利用经典计算机来执行，尽可能减少只能由量子计算机执行的计算部分，力求抑制错误来提高计算效率。本节重点介绍用于量子化学计算的 VQE 算法。

6.4.1 量子化学计算

如图 6.9 所示，备受瞩目的量子化学计算主要用于模拟物质的量子化行为，是量子计算机典型的应用领域，也是费曼倡导量子计算机的原因。

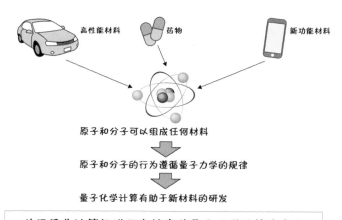

图 6.9　量子化学计算

若在经典计算机上执行量子化学计算，即对遵循量子力学规律的物质的行为进行计算，会产生庞大的计算量。无论是汽车材料，还是药物或电池，世界上所有材料的性能都会随着研发的深入而提高。人们正在不断开发新材料，以使汽车车身既轻盈又坚固，使药物既能治好病又没有副作用，使电池既免受温度变化的影响又有极佳的续航能力。为此我们需要正确地预测材料的微观结构，即正确预测组成该材料的原子和分子的行为。目前，开发新材料的方式是使用近似模型在经典计算机上模拟，以及进行大量实验等。但是，我们也可以通过量子力学描述原子和分子的行为。这就意味着只要能够通过量子力学对材料进行模拟，就可以比以往任何时候都更加高效地研发新材料。

不过，通过量子力学对材料进行实际建模的过程异常复杂。这是因为材料由大量原子和分子构成，而这些原子和分子又会因各种相互作用而相互影响。尽管我们可以基于量子力学进行建模，但目前的情况是，如果真的打算使用经典计算机计算原子的行为和分子的行为，就一定会花费大量的计算时间。研发作为国家大型项目的超级计算机的目的也在于缩短计算时间。

于是，量子计算机就派上了用场。由于量子计算机原本就是基于量子力学运转的，所以人们对量子计算机能够以远超经典计算机的速度执行量子化学计算满怀期待。为了对上述包含了大量相互影响（相互作用）的原子和分子的结构（量子多体系统）进行模拟，研究人员正在积极研究适用于量子计算机的方法（算法）和实验技术。

量子化学计算目前备受瞩目的原因是它具有很高的社会价值，以及实现门槛较低，甚至可以在小型量子计算机上实现。

6.4.2 VQE

VQE（Variational Quantum Eigensolver，可变量子本征求解）是用于量子化学计算的量子经典混合算法。在量子化学计算中，VQE可用于计算分子等粒子的能量状态。VQE首先会在经典计算机上计算"试探波函数"，然后用量子门表示相应的信息，并将这些信息发送到量子计算机上，最后将量子计算机的计算结果再次传给经典计算机，并根据计算结果更新

"试探波函数",如此往复。这种做法既可以求出正确的波函数,又有望快速且准确地求出分子的能量状态。

VQE 等充分利用 NISQ 的量子经典混合算法的研发工作将在日后变得愈发重要(图 6.10)。即使创建出 NISQ,但若缺少适用于 NISQ 的具有实用性的算法,研发工作也会停滞不前,通向通用量子计算机的道路也将布满荆棘。因此,研发具有实用性的 NISQ 算法是当前的目标。

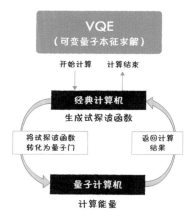

图 6.10　VQE 的示意图

6.5 ‖ 以量子计算机为中心的整个系统

待实用的量子计算机诞生以后，我们还要为其开发应用程序（本节我们称之为量子应用程序），这样才能使量子计算机既能发挥量子计算的威力，又不失易用性。本节，笔者将介绍一种正在设计的架构，以此来说明包括量子应用程序在内的整个量子计算机系统。

图 6.11 是以量子计算机为中心的整个系统的概念图。首先，我们从待求解的问题入手。这里以一个经典计算机难以求解且计算量庞大的问题为例。假设我们需要求解一个连超级计算机都难以求解的量子化学计算相关的问题。在求解这类问题时，需要先对问题进行建模，将其转化为能够在计算机上计算的形式。如果连待求解的问题是什么都不清楚，自然无法求解，因此我们需要先明确要输入什么、要执行怎样的计算，以及要以哪种形式输出答案。这就是所谓的对问题进行建模。例如，在量子化学计算中，要对分子的能量等概念进行建模。

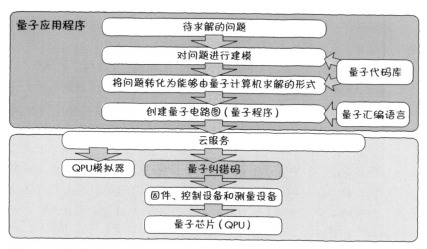

图 6.11 对问题进行建模

接下来，我们要将模型化的问题转化为可由量子计算机求解的形式。

采用量子电路模型的量子计算机有别于传统的计算机，在执行计算时使用的是量子比特和量子门。因此，只有改变了问题的形式，才能在量子计算机上求解。我们需要深入理解量子计算机的工作机制，在量子计算的框架内重新审视模型化的问题。包含问题的模型化在内，人们正在开发各种适用于这一阶段的开源库。这些库可以帮助我们将待求解的问题转化为能够由量子计算机求解的形式。例如，我们可以使用名为 OpenFermion 的开源库进行量子化学计算。

将问题转化为可由量子计算机求解的形式后，就可以根据问题来创建量子电路图了。量子电路图有时也称为量子程序。在这一阶段，我们可以使用量子汇编语言来描述量子电路图。这些汇编语言包括 IBM 的 OpenQASM 和 Rigetti 的 Quil 等。由于绝大多数用户身边没有真正的量子计算机，所以我们不妨认为用户只能通过云来间接访问量子计算机。这里，我们将量子纠错码附加到量子电路图上。量子计算机在计算过程中会产生噪声，而附加的量子纠错码可以纠正噪声引起的错误，使计算继续进行。但是，由于现阶段的量子计算机还不具备量子纠错能力，所以上述内容仅仅是对量子纠错的展望。

最后，要想使量子计算机能够真正运行起来，系统还要对量子芯片中的量子处理单元（Quantum Processing Unit，QPU）加以控制。通过驱动大量控制设备和测量设备使 QPU 运转起来，从而执行想要执行的计算。

例如，采用了量子电路模型的超导量子计算机提供了多种进行量子门操作的方法，其中之一就是将微波脉冲发送到由超导电路制备的 QPU 中的量子比特上，以此来进行量子门操作（图6.12）。计算将按照初始化量子比特、量子门操作和读取计算结果等步骤执行。前面创建的量子电路图相当于计算程序，用于描述量子门操作的方法。量子门操作会被系统转化为一组微波脉冲串。在转化过程中系统确定了要在什么时间将什么形状的脉冲发送到哪个量子比特上。最后，我们让 QPU 运转起来并对计算结果进行测量，如果从测量结果中得出了问题的答案，计算就大功告成了。此外，在现阶段，由于尚处于研究阶段的 QPU 难以提供给所有人使用，所以人们通常采用 QPU 模拟器代替真正的 QPU，也就是使用经典计算机来模拟 QPU。QPU 模拟器虽然无法实现高速计算，但在验证 QPU 的行为或探索应用程序在小规模问题上的效果方面发挥着重要的作用。以上便是量子计算机系统的示例。相信大家已经对此有了大致了解。

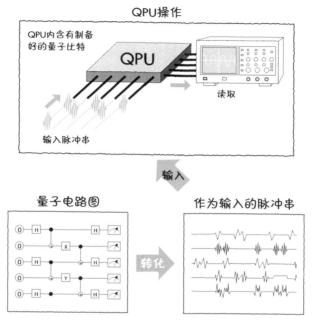

图 6.12　量子计算机系统的示例

Ⅲ **专 栏**

除量子电路模型以外的量子计算模型

除本书涉及的量子电路模型以外，还有几种通用量子计算模型。这些量子计算模型在计算量方面是等价的（具有相同的计算能力[①]），但量子退火与上述量子计算模型在计算量上并不等价，属于特例。不过，与之相关的绝热量子计算与前述量子计算模型在计算量上是等价的。下面笔者就来简要介绍一下各种量子计算模型。

[①] 严格来说，这里的"相同的计算能力"是指可以在多项式时间内完成转化的能力。因此，这些量子计算模型在计算时间和容错能力等方面可能会有较大差异。

■ 量子图灵机

量子图灵机是多伊奇提出的量子计算机的理论模型（图 6.13）。量子图灵机常被模型化为抽象的虚拟机，为了方便其在物理上的实现，研究人员采用了以下更有利于实现的模型。图灵机是经典计算机的计算模型，量子图灵机就是量子版的图灵机。

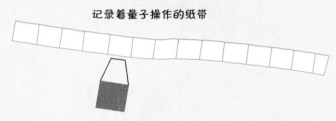

记录着量子操作的纸带

读写量子态的探头

图 6.13　量子图灵机的概念图

■ 量子电路模型（量子门模型）

量子电路模型是最著名的量子计算模型，本书已就此进行了详细说明。该模型是通过量子门（对应于经典计算中的逻辑门）来执行计算的。目前，研究人员正在利用超导电路等物理系统进行实验。

■ 基于测量的量子计算（隐形传态型量子计算）

基于测量的量子计算是通过主动进行测量来执行计算的，其中包括单向量子计算等方法。单向量子计算是指，在已制备好的由大量量子比特构成的大规模量子纠缠态的基础上，通过依次对量子比特进行测量来执行计算。在该方法中，最终执行哪种计算取决于测量方法。目前，研究人员正在使用光进行量子计算实验。

■ 拓扑量子计算

数学中有一个名为编织（braiding）的理论，研究的是将多条悬垂的绳子编织起来的方法，借助该理论可以对量子计算进行建模。研究表明，借助一种名为任意子（anyon）的特殊的量子化粒子，将其轨迹与上述理论中的绳子相互对应，可以实现量子计算机。该方法具有较强的抗噪能力。目前，微软公司正在研究如何使用拓扑超导体实现基于该计算模型的量子计算机。

■ 绝热量子计算

物理学中的绝热定理（adiabatic theorem）指出，在最初处于基态的量子态中，让哈密顿量发生缓慢变化（绝热变化），此时量子态会在保持哈密顿量基态的同时发生变化。绝热量子计算是基于量子力学的一般定理来执行计算的，由法尔希等人于 2001 年提出。绝热量子计算与西森等人于 1999 年提出的量子退火紧密相关。

第7章

量子退火

　　量子退火是一种专门用于求解组合优化问题的方法，属于非经典计算机的量子退火计算机是一种专用机器。我们可以通过在量子退火计算机上执行量子退火来求解问题，但在执行量子退火之前，需要先将问题变换（映射）为伊辛模型（Ising model）。本章，笔者将依次讲解伊辛模型、组合优化问题的基础、模拟退火和量子退火，然后阐明什么样的机制可以让量子退火大幅提升求解问题的速度。

7.1 伊辛模型

伊辛模型是在作为物理学分支之一的**统计力学**中使用的简单的量子系统（quantum system）模型。下面，我们先来了解一下伊辛模型的相关内容。

7.1.1 自旋和量子比特

相对于主流的量子电路模型，量子退火的研究历史较短，正处于理论研究和实验同步进行的阶段。量子退火与统计力学这一物理学分支有着紧密的联系。统计力学是用统计的方法分析多个粒子的行为，进而通过微观的物理法则推导出宏观性质的学科。关于这门学科，研究人员正在进行理论构建等方面的工作，比如使用简化后的模型说明原子大量聚集后形成的气体和固体有哪些性质。具体来说，改变温度或将压力作用于物质上，物质会发生怎样的变化，将物质放入磁场，物质又会发生怎样的变化？统计力学就是从理论的角度探究这类物质的性质的学科。

其中，伊辛模型是用于说明带有磁铁性质的物质（磁性材料）有什么特性的模型。该模型非常简单，仅由呈网格状排布的小磁铁构成。这些小磁铁具有量子力学的特性，被称为**自旋**。伊辛模型将这些磁性材料建模成量子化的自旋的集合。这些自旋可以向上，也可以向下。我们可以将自旋的上下想象成小磁铁的 N 极是向上的还是向下的。

自旋具有量子化的性质，所以会处于向上和向下这两种状态的叠加态。若将自旋的这两种状态分别与 $|0\rangle$ 和 $|1\rangle$ 对应起来，自旋就等同于量子比特。也就是说，我们可以认为伊辛模型中的自旋就是量子比特本身（图 7.1）。

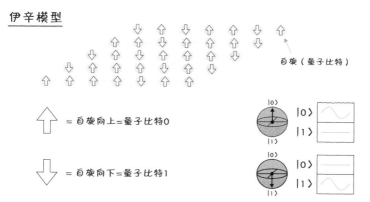

图 7.1　伊辛模型

7.1.2　伊辛模型中的相互作用

下面来看伊辛模型中呈网格状排布的自旋相互影响后产生的效应。以二维的伊辛模型为例（图 7.1），自旋排布在网格的各个交点上，一个自旋分别与周围的四个自旋连接，并与这些自旋相互影响。这种自旋间相互影响的表现形式称为**相互作用**。我们可以为连接在一起的每一对自旋设置一个相互作用，并用正数和负数（实数）加以表示。

如果相互作用为正数，那么在此相互作用下连接在一起的一对自旋会指向同一个方向。也就是说，如果其中一个向上，则另一个也向上；如果其中一个向下，则另一个也向下。由此，一对自旋达到稳定状态。与之相对，如果一个自旋向上，另一个自旋向下，那么这一对自旋会处于不稳定状态。此时，向下的自旋会趁机翻转 180 度改为向上，使这一对自旋达到稳定状态。

如果相互作用为负数，那么两个自旋在方向相同时会处于不稳定的状态，在方向相反时反而会达到稳定状态。

相互作用为正数时也称为**铁磁性**，相互作用为负数时也称为**反铁磁性**。最稳定的状态称为**基态**。若放置不管，伊辛模型的自旋对会自动过渡到稳定状态。也就是说，伊辛模型更倾向于处于基态（图 7.2）。

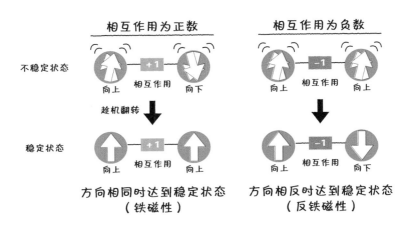

图 7.2　伊辛模型中的相互作用

7.1.3 不稳定状态和阻挫

　　图 7.2 仅说明了两个自旋间的相互作用，但在二维伊辛模型中，一个自旋会分别与上下左右四个自旋连接，所以我们再来看看四个自旋间的相互作用。四个自旋如图 7.3 所示连接在一起，其中两对自旋的相互作用为正数，另外两对自旋的相互作用为负数。若向上和向下的自旋各有两个，则所有自旋对都可以达到稳定状态；但如果其中三对自旋的相互作用都为正数，只有一对自旋为负数，则所有自旋对均无法达到稳定的状态。因为无论怎样调整，都会出现不稳定的自旋对。

　　如果无论怎样调整自旋朝向的组合，都会导致不稳定的自旋对出现，那么这种情况就称为"有阻挫"。阻挫的英文 frustration 有受挫的意思，我们可以将阻挫理解成一种自旋对存在"挫败感"的状态，即这些自旋对想要达到稳定状态，却怎么也不能如愿。

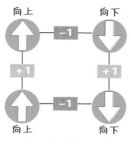

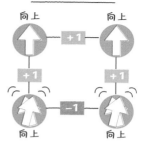

图 7.3　阻挫

7.1.4　伊辛模型的能量

我们需要一个指标来定量地表示伊辛模型中自旋对的稳定程度，这个指标就是**能量**。不稳定状态对应于高能量状态，稳定状态对应于低能量状态。我们将所有自旋对的能量之和定义为伊辛模型的**总能量**（图 7.4）。处于不稳定状态的自旋对越多，总能量就越高；反过来，达到了稳定状态的自旋对越多，总能量就越小。总能量最低的状态称为**基态**。在没有阻挫的伊辛模型的基态下，所有自旋对都会达到稳定状态，而当存在阻挫时，无论如何都会存在不稳定的自旋对。此时，总能量最小的自旋的组合就是基态。

另外，总能量的高低还与温度有关。提高磁性材料的温度即可增加总能量。这是因为所有自旋都会因热运动而随机变换方向，使自旋与自旋之间处于不稳定的状态。降低温度即可使之达到稳定状态。下文介绍的模拟退火与该规律有关。

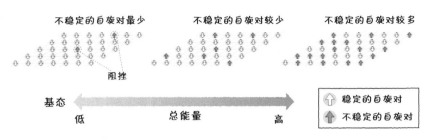

图 7.4 伊辛模型的总能量

7.1.5 寻找伊辛模型基态过程中的问题

对于设定好的一组相互作用，我们该如何寻找总能量（所有自旋对的能量之和）最低的自旋组合呢？换句话说，就是如何在该相互作用下，寻找使伊辛模型处于基态的自旋组合呢？这是一个根据给定的一组相互作用，寻找能够使伊辛模型处于最稳定状态的自旋组合的问题（图 7.5）。这类问题通常很难求解，即使使用经典计算机寻找基态，计算量也非常庞大。从计算分类来看，当满足某些条件时，该问题属于 NP 完全问题。

求解这类问题有什么意义呢？量子计算机真的能提升求解这类问题的速度吗？大家可能也有类似的疑问。下面笔者就来揭晓答案。

待求解问题的示例

图 7.5 待求解问题的示例

7.2 ║ 组合优化问题与量子退火

上一节介绍了伊辛模型，下面我们来看一下伊辛模型是如何在组合优化问题中派上用场的。

7.2.1 什么是组合优化问题

前述寻找伊辛模型基态的问题实际上就属于一种组合优化问题。组合优化问题是"在各种约束条件下，以某种标准从众多选择中确定最佳选择"的问题[①]。下列问题都属于组合优化问题。

店员排班优化问题……在尽可能满足每个员工需求的前提下制作店员排班表

工作计划问题…………寻找多人执行不同的工作流程时的最佳计划

物流路线优化问题……在各种约束条件下寻找最佳路线，以降低成本和缩短运输距离

缓解交通拥堵问题……优化交通量以缓解拥堵情况

聚类问题………………按照特征上的相似性等指标，通过机器学习对使用的各种数据进行分类

这些问题都是日常工作生活中的常见问题，只要经过合理建模，就能按组合优化问题处理（图 7.6）。

组合优化问题的解法

图 7.6 组合优化问题的示例

---

① 引自穴井宏和、齐藤努所著《组合优化：离散问题指南》，该书暂无中文版。

如图 7.6 所示，组合优化问题的通常解法是先使用数学算式对待求解的问题进行描述，以此来创建数学模型，然后借助计算机（求解器）为该数学模型寻找解。

7.2.2 用于求解组合优化问题的伊辛模型

寻找伊辛模型的基态对解决实际问题到底有什么帮助呢？下面就来揭晓答案。实际上，大多数与上述问题类似的、可归类为组合优化问题的实际问题可以转化为寻找伊辛模型基态的问题〔有时候将某些问题映射到（转化为）伊辛模型需要花费大量计算时间〕。这就意味着如果存在能够快速寻找伊辛模型基态的计算机，就有望以更快的速度对上述问题进行求解，从而解决大量实际问题。因此，人们期望量子退火能够在求解速度上超越模拟退火。稍后会介绍传统的模拟退火方法（图 7.7）。

图 7.7　求解组合优化问题的新方法

7.2.3 组合优化问题的框架

这里先来介绍一下组合优化问题的一般解法。使用数学算式描述并解决各种实际问题的方法称为**最优化**。最优化通过目标函数、决策变量和约束条件这三个关系表达式来描述问题，由此对问题进行建模。目标函数是表示想最小化或最大化的指标（如成本和工作时间等）的函数，决策变量是目标函数中使用的变量，约束条件是决策变量应满足的条件表达式。所谓最优化，就是找到满足约束条件且能够使目标函数达到最小值或最大值的决策变量的组合。

在寻找伊辛模型的基态时，我们可以按照这种方式建模——目标函数对应于总能量，决策变量对应于自旋的组合，约束条件对应于相互作用（和局部磁场[①]）（图 7.8）。

寻找伊辛模型的基态

目标函数：总能量
决策变量：自旋的组合
约束条件：相互作用和局部磁场

图 7.8 寻找伊辛模型的基态

根据决策变量的性质，最优化可分为决策变量为连续值的**连续优化**和决策变量为离散值的**组合优化**。我们暂且仅关注组合优化。虽然属于组合优化的问题五花八门，但根据问题的相似程度，它们可以归纳为几类典型的标准问题。标准问题通常包括网络问题、计划问题等重要问题。在思考如何求解时，通常要分析待求解的组合优化问题与标准问题的近似程度，并以最近似的标准问题的惯用解法或常用解法作为参考。各种标准问题的解法都经过了长时间的研究，并且有惯用解法和定式算法可供使用[②]（图 7.9）。

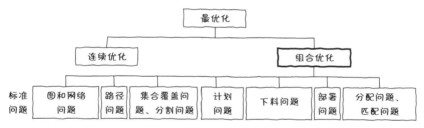

图 7.9 定式算法

7.2.4 组合优化问题的解法

针对上述标准问题解法的研究有很长的历史，不仅存在能够获得精确最优解的通用算法（精确解法）和用于获得近似解的通用算法（近似解法），还有专门用于各种问题的专用高效算法。我们需要根据实际情况，

---

① 实际上，除了自旋间的相互作用，约束条件还包括每个自旋的局部磁场。
② 引自穴井宏和、齐藤努所著《组合优化：离散问题指南》，该书暂无中文版。

针对具体问题合理使用不同的算法。使用近似解法虽然不一定能够在可接受的计算时间内获得精确的最优解，但能帮助我们得到最优近似解。近似解法中还包含多种组合优化问题的解法，其中一种解法是**元启发式算法**，该算法中又包含名为**模拟退火**的算法。

　　元启发式算法提供了一种能够模仿遗传算法等生物机制的近似解法，即使对于某些仅凭计算无法获得高精度解的难题，也依然有效。模拟退火也属于近似解法。作为广泛使用的元启发式算法之一，它是一种通过模拟铁水变成固态的过程（退火）来求解问题的方法（图 7.10）。模拟退火是运行在经典计算机上的近似解法，量子退火是该算法的量子版。这两种算法都可以用于解决寻找伊辛模型基态的问题。

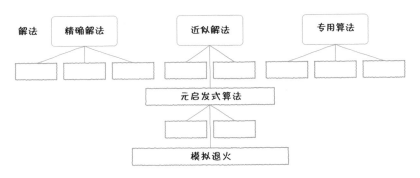

图 7.10　组合优化问题的解法分类

7.3 | 模拟退火

在讲解量子退火之前，我们先来讲讲在求解组合优化问题时被广泛使用的模拟退火。模拟退火是可以在经典计算机上实现的算法，可运行在普通的个人计算机上。另外，本节还会介绍能量景貌（energy landscape）的概念，它是量子退火能够大幅提升计算速度的关键。

7.3.1 寻找伊辛模型的基态

由于尚未发现高效的精确解法或有效的专用算法，所以人们现在多使用近似解法来求解寻找伊辛模型基态的问题。模拟退火就是其中一种被广泛使用的方法。

首先，我们在经典计算机上实现伊辛模型。在此之上进行计算，就能得到伊辛模型的总能量。总能量越低越接近基态，也就越接近答案。先准备好上下朝向随机分布的自旋的组合作为初始状态，然后开始计算——通过预先指定的相互作用的值和各自旋的朝向即可计算出总能量（图 7.11）。

接下来，从伊辛模型中随机选取一个自旋进行翻转，然后重新计算翻转之后的总能量，并对比翻转前后的能量变化。若翻转后的总能量更低，则保留翻转后的状态，否则，恢复到翻转前的状态。可能有人会认为反复执行该操作，就能让总能量处于最低状态，并找到使伊辛模型处于基态的自旋的组合了，但实际上并没有这么简单，因为得到的解有可能会陷入名为**局部最优解（局部最小值）**的近似解中。

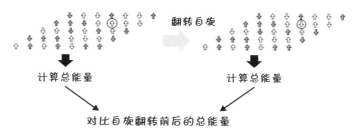

图 7.11 计算总能量

7.3.2 能量景貌

这里来介绍一种名为能量景貌的理论（图 7.12）。能量景貌采用图像来描述寻找伊辛模型总能量的问题，图像的横轴是伊辛模型中自旋的各种组合，纵轴是与之对应的总能量。由于每给定一种自旋的组合就能计算出一个对应的总能量，所以要想画出能量景貌的完整图像，就必须计算出所有自旋的组合对应的总能量。由于 N 个自旋一共能生成 2^N 种组合，所以随着 N 的增大，计算所有组合对应的总能量会越来越困难，绘制出完整图像的难度也越来越高。不过，为了便于大家直观理解问题的结构，笔者还是采用了能量景貌的概念图来进行说明。

能量景貌中的最低点就是基态。在模拟退火的过程中，自旋会逐一翻转，对应到能量景貌中，就是横轴上代表了自旋组合的点在水平方向上不断移动微小的距离。从当前位置移动一小段距离后，计算移动后的总能量（即该位置对应的高度），然后对比移动前后总能量的高低变化。总能量升高相当于"登山"，说明离基态越来越远，因此不应该继续向上爬；反之，若总能量降低，则说明可能离基态越来越近。按照这个规则一边翻转自旋，一边在能量景貌上忽高忽低地移动，若最终到达了**最低点（基态）**，问题也就解决了，即找到了基态的自旋组合。

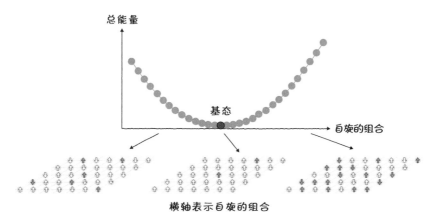

图 7.12　能量景貌

7.3.3 梯度下降法和局部最优解

如图 7.13 所示，对于能量景貌的结构较为简单的问题，只需让与代表了自旋组合总能量的点不断下降即可到达基态，因此只要在总能量变低时翻转自旋就可以解决此类问题。这种方法称为**梯度下降法**。梯度下降法并不适用于能量景貌的结构较为复杂的情况，因为此时得到的解很容易陷入局部最优解（局部最小值）。

局部最优解是通过梯度下降法等简单方法求解组合优化问题时陷入的解，是当上述算法已收敛且无论再翻转哪个自旋都无法使总能量更低时的自旋组合。此时无论翻转哪个自旋都不能使总能量继续下降，因为一旦位于能量景貌的谷底，无论是向左移动还是向右移动，总能量都不会进一步下降。不过，如果同时翻转两个自旋，总能量可能还会继续下降。

本以为逐一翻转自旋就能得到最优解，但实际上还有其他更优的解未被发现。这就陷入了因寻找范围过于狭窄而错过了正确答案，且无法摆脱错误答案的窘境，但我们真正需要的是总能量更低的、作为全局最优解（全局最小值）的基态。

在求解问题的阶段，我们无法得知能量景貌的整体结构，因此不可能事先知道整体结构是否复杂。这就导致我们难以判断当前的解是全局最优解，还是陷入了局部最优解（图 7.13）。因此，还需要一种避免解陷入局部最优解的方法。

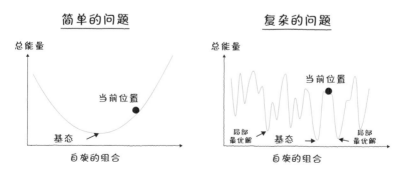

图 7.13 无法得知能量景貌的整体结构

7.3.4 模拟退火算法

为了解决陷入局部最优解的问题，人们发明了模拟退火算法。模拟退火会按一定的概率接受总能量在自旋翻转后不降反升的情况。这样一来，即便陷入了局部最优解，我们也有机会从中摆脱出来。这就好像人不会永远都走向谷底，有时也会向山顶攀爬一样。

另外，"接受自旋翻转后总能量升高的概率"要在最初设置得高一些，然后逐渐降低。也就是说，即使翻转后总能量没有降低，也要积极地翻转自旋，促使状态发生变化，之后仅接受能够使总能量降低的自旋翻转。这样一来，我们就极有可能获得全局最优解或与之接近的局部最优解（高精度的近似解）。由于温度越高，"接受自旋翻转后总能量升高的概率"就越大，反之越小，所以我们可以将模拟退火想象成一种逐渐降温的算法。之所以叫作模拟退火，是因为该算法模拟了金属热处理工艺中的退火法，即逐渐降低金属的温度以使结晶生长并减少金属缺陷的一种工艺。

模拟退火是一种简单的算法，适用于多种问题，常用于求解优化问题。但由于自旋要逐一翻转，每次翻转都需要重新计算总能量，所以随着问题规模的扩大和复杂度的提升，计算量也会变得非常庞大。

模拟退火的示意图和计算流程图如图 7.14 所示。该算法通过反复执行翻转自旋、判断是否接受翻转带来的总能量升高这一结果和冷却这三个步骤来模拟金属退火。模拟退火因具有简易性和普适性的特点，广泛应用于求解各个领域的问题。

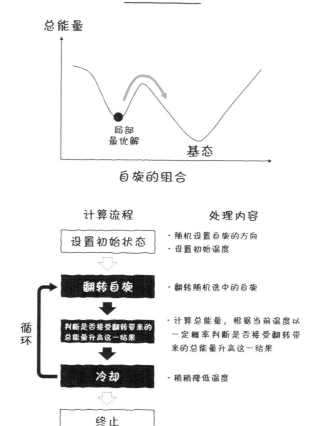

图 7.14　模拟退火

7.4 ‖ 什么是量子退火

下面，我们再来看一看什么是量子退火。结合前面所学的知识应该不难理解这部分内容。

7.4.1 量子退火的定位

量子退火旨在利用量子性提升计算速度，是一种有望能够快速寻找伊辛模型基态（或接近于基态的近似解）的计算方法。量子退火的执行需要用到能够处理量子性的硬件。为执行量子退火而创建的机器称为**量子退火计算机**。

量子电路模型又叫通用量子计算，具有较高的通用性，而量子退火是一种专门用于解决组合优化等问题的机器。值得注意的是，D-Wave Systems 公司的量子退火计算机（图 7.15）尚处于研究阶段，还没有证据表明其计算速度能够明显超越经典计算的计算速度。也就是说，我们可以将其归类到 1.1.5 节提到的非经典计算机中。研究人员正在从理论和实验两方面进行研究，验证量子退火计算机是否能够实现高速计算，以及如何改良才能实现量子计算。

图 7.15　D-Wave Systems 公司的量子退火计算机

7.4.2 量子退火的计算方法（步骤 1：初始化）

下面来介绍量子退火的基本操作步骤。待求解的组合优化问题的目标是从各种组合中求解出一个最佳组合。量子退火会先将作为候选解的各个组合逐一用量子比特的状态来表示，也就是将问题转化为在 "000000...0" 到 "111111...1" 的范围中，寻找一个最优解。量子退火计算机中包含多个制备好的量子比特。首先，量子退火计算机会使所有量子比特处于 0 和 1 概率均等的叠加态。这是量子退火的初始化步骤（图 7.16）。在量子电路模型中，让所有量子比特通过 H 门就可以使它们处于概率均等的叠加态，而量子退火计算机通过类似的操作也能达到相同的状态。该操作称为施加横向磁场或施加量子涨落。这样一来，量子比特就处于 "000000...0" 到 "111111...1" 的范围内所有状态的叠加态，即同时实现了所有的候选解。

模拟退火会随机生成一种状态，然后从该状态出发不断进行探索。虽然所有候选解的状态都有可能被选到，但每次只有一种状态能被选中，得到正确解的概率（解的精度）则取决于最初选中的状态。与此不同，量子退火可以用量子化的方式实现所有候选解的状态，因此最初选中的状态不会影响解的精度。

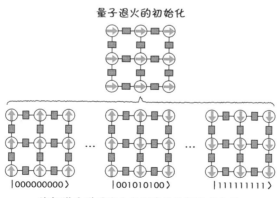

量子退火的初始化

|000000000⟩　　|001010100⟩　　|111111111⟩

施加横向磁场来生成所有候选解的叠加态

图 7.16　量子退火的初始化

7.4.3 量子退火的计算方法（步骤 2：退火操作）

经过初始化步骤得到所有候选解的叠加态后，我们就可以从中寻找最优解了。该过程是通过减弱量子涨落来实现的。伊辛模型相互作用的强度会因量子涨落的减弱而增强。随着量子涨落的减弱，相互作用的影响渐渐显现，量子比特的状态在相互作用的影响下，最终会处于一种确定的状态，要么是 0 要么是 1，从而使整体更加稳定。在量子退火的计算中，该过程称为**退火操作**。

我们需要将待求解的问题转换为寻找伊辛模型基态的问题，并将其映射到相互作用的值上。量子涨落大幅减弱后，量子比特会随之变为经典比特，即处于要么是 0 要么是 1 的状态。该状态等同于量子电路模型中量子比特测量之后的状态。由此得到的量子比特最终状态的组合就是量子退火的计算结果（图 7.17）。该组合表明经过长时间的退火操作，伊辛模型到达了基态。但是，退火操作的时间过长会花费大量计算时间，因此需要在一定程度上提升退火操作的速度。实验结果表明，在缩短退火操作时间的情况下，也可以得到趋近于基态（精确解）的近似解。

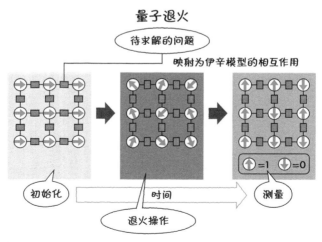

图 7.17　量子退火的计算

7.4.4 穿越能量壁垒

量子退火的计算速度能否远超经典计算的计算速度关乎着量子退火存在的意义，但该问题的答案目前尚不明确。当前的研究热点是量子退火与模拟退火，以及量子蒙特卡洛方法的区别。模拟退火是在经典计算中也能使用的退火算法，量子蒙特卡洛方法则是使用经典计算机模拟量子退火的方法之一。

量子退火与模拟退火的区别比较浅显易懂，所以笔者先从这里讲起，解释一下量子退火是如何在能量景貌上通过量子隧穿效应穿越能量壁垒来摆脱局部最优解的。

在模拟退火的过程中，一旦陷入局部最优解，就必须爬上能量的壁垒，才能继续向全局最优解的方向移动。为此，需要利用热涨落。如前所述，实现的方式就是让自旋以一定的概率朝着总能量增加的方向翻转。在模拟退火的过程中，这个概率会随着计算的推进而变小。因此，若在计算的后半部分陷入局部最优解，就不太容易翻越能量的高墙了。

另外，如果是在量子退火的过程中陷入了局部最优解，则可以利用量子隧穿效应穿越能量壁垒，达到摆脱局部最优解的目的（图 7.18）。这只有在能量壁垒很薄的情况下才能实现，并由此得到全局最优解。量子退火之所以有望以远超经典计算的速度求解问题，原因之一正在于此。如果这个理论是正确的，而且能量壁垒高而薄，那么量子退火必将有用武之地。它无疑是一种适用于求解可由能量景貌描述的问题的好方法。

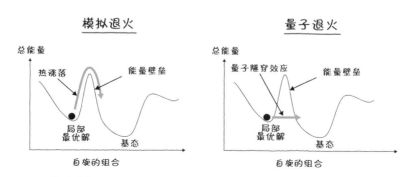

图 7.18　穿越能量壁垒

7.4.5 量子退火的速度是模拟退火速度的 1 亿倍吗

2015 年，一篇来自 Google 的论文[①] 使量子退火站到了聚光灯下。文中宣称，相对于运行在单核经典计算机上的模拟退火，D-Wave Systems 公司的量子退火计算机（下称 D-Wave 机）在某类特殊的组合优化问题上，"求解速度是模拟退火的 1 亿倍"。论文的核心内容是证明量子退火中的量子隧穿效应（图 7.19）。

论文的作者特意将问题设定为量子隧穿效应较容易发生的情况，即在能量景貌中存在大量高而薄的能量壁垒，以此来与模拟退火进行对比。在该问题设定下，由于能量壁垒较高，所以在使用模拟退火的情况下很难摆脱局部最优解。不过，能量壁垒并不厚，那么量子退火是不是有望通过隧穿效应来摆脱局部最优解，接近全局最优解呢？作者满怀期待地进行了实验，不出所料，在求解速度上量子退火确实比模拟退火快，量子退火的求解速度甚至是模拟退火的求解速度的 1 亿倍。以上便是这篇论文的主要内容。

由此可见，在求解速度上量子退火是模拟退火的 1 亿倍并不是针对有实用价值的问题而言的，而是针对为发挥量子退火的性能而专门设定的特殊问题而言的。当时甚至还无法通过实验来验证是否存在一类问题能够使量子退火发挥出远胜模拟退火的优势。因此，以实验的方式宣布结论的这篇论文只是让大众知道了量子退火。

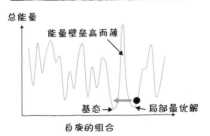

图 7.19　论文中使用的问题（示意图）

[①]　论文名为 "What is the computational value of finite-range tunneling?"（有限范围的隧穿效应在计算上有何价值？）。

7.4.6 量子退火计算机的实际情况

一直到 7.4.4 节，我们还停留在量子退火理论层面的介绍。换句话说，这一部分讲解的内容都是以理想的量子退火计算机已经实现为前提的。而实际的量子退火计算机与该理论能否紧密契合，对于衡量量子退火现阶段的性能来说至关重要。

研发量子退火计算机的组织机构不止 D-Wave Systems 公司这一家。目前，美国情报高级研究计划署（Intelligence Advanced Research Projects Activity，IARPA）和 Google 都在独自进行研发，日本的产业技术综合研究所（National Institute of Advanced Industrial Science and Technology，AIST）和日本电气股份有限公司也宣称加入研发行列。

量子退火计算机在实际研发过程中往往会遇到各种制约。下面笔者列举 D-Wave 机所面临的几个典型问题。

◉相干时间短于退火时间

D-Wave 机所使用的量子比特通过名为磁通量量子比特的方法制备而成。该方法的优点是易于集成，但存在相干时间较短的问题。不过，有资料表明，即使相干时间远远短于计算时间，量子退火计算机也依然能够输出相对合理的近似解，而这方面的内容目前尚处于研究阶段。

◉量子比特集成度过低以致无法解决实际业务

D-Wave 机目前具备 2000 个量子比特，而它的下一代据说会具备大约 5000 个量子比特。即便如此，量子比特的数量对于待解决的实际业务而言仍是杯水车薪。因此，为了求解大规模的问题，人们不得不先将要解决的大问题分解成若干小问题，再将小问题输入 D-Wave 机中求解。虽然进一步提升量子比特的集成度对今后的实际业务来说至关重要，但随着量子比特数的增加，人们又需要面临抗噪性下降等一系列问题。

◉有限温度效应引起的来自基态的热激发

D-Wave 机是由超导电路实现的，因此其内部负责执行计算的量子芯片必须冷却至极低的温度才能正常运转。但无论怎样冷却，量子芯片还是会存在一些热量，而这部分热量正是错误产生的原因。另外，量子比特数越多，对冷却能力的要求就越高，因此冷却技术的研发，以及针对热噪声的纠错方法和抗噪退火算法的研究都要继续向前推进。

◉ 相互作用受限

量子比特连接得越紧密，可计算的问题的自由度就越大。现阶段的 D-Wave 机（D-Wave 2000Q）采用的是名为奇美拉图的松散连接。因此，需要对待求解的问题进行转换才能将其嵌入 D-Wave 机的硬件中。虽然量子比特的连接数越多，能够处理的问题规模就越大，但如何权衡由此导致的抗噪性减弱也是一个问题。

人们相信，只要解决了这些问题，量子退火计算机就可以实现更理想的量子退火（图 7.20）。但即便从理论上来讲，量子退火计算机能否真的发挥出超越经典计算机的性能，也还是一个未知数。目前，研究人员除研发真机以外，还在加强理论方面的研究。

图 7.20　量子退火计算机面临的挑战

 专 栏

其他类型的退火计算机

除量子退火计算机以外，其他类型的退火计算机也处于研发阶段。下面笔者就来介绍两种非量子退火计算机。

■ **相干伊辛机**

相干伊辛机诞生于由日本内阁府主导的 ImPACT 项目。相干伊辛机使用在光纤环路中一圈圈旋转的一个个光脉冲来表示自旋，并通过测量仪器、FPGA 和反馈脉冲实现了相互作用，其特点是全连接和可在室温下运行。我们可将其看作使用光的退火计算机（图 7.21）。

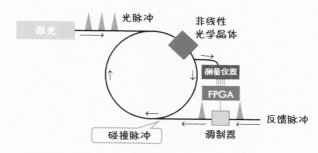

图 7.21　相干伊辛机

■ 非冯·诺依曼体系结构的经典退火计算机

目前，研究人员正在通过非冯·诺依曼体系结构的经典计算机来实现模拟退火。例如，日立制作所正在研发的 CMOS 退火计算机和富士通正在研发的数字退火计算机都属于非冯·诺依曼体系结构的经典退火计算机。富士通还设计出了采用了 CMOS 技术的专用退火计算机，实现了模拟退火的高速计算。另外，东芝正在研究如何使用 GPU 执行独家研发的模拟分支算法，以此来提升求解组合优化问题的速度。

第8章

如何制备量子比特

　　量子计算机的硬件不仅要使用具备量子力学性质（量子性）且易于控制的物理现象，以物理的方式实现量子比特，还要在此基础上控制量子比特的状态，以避免破坏量子性。经典计算机的 CPU 目前普遍采用的是由半导体构成的晶体管，但在计算机的发展初期，人们曾使用继电器、真空管和变参数元件（parametron）之类的元件来制造计算机。现在，量子计算机开始发展，人们又开始着手研发各种用于制造量子计算机硬件的方法。本章，笔者将介绍目前尚处于研究阶段的六种主流制造方法。

8.1 ‖ 量子计算机的性能指标

我们先来了解一下量子计算机的性能指标。现阶段，量子计算机的性能（规格）达到了何种程度呢？经典计算机的性能可通过内存容量、CPU 核数和时钟频率等指标来衡量，量子计算机的性能则可通过以下指标来衡量。

- 量子比特数
- 量子比特的相干时间
- 量子操作所需的时间
- 进行量子操作和测量操作时的错误率
- 量子比特的连接数

最容易理解的是以物理方式实现的量子比特数，因为要有足够多的量子比特才能完成大规模的计算。但是，仅增加量子比特并不能提高性能，所以量子比特还必须有足够长的相干时间（量子比特具有量子性的时间，即量子比特的寿命），以满足量子操作所需的时间。除此以外，操作量子比特时的错误率还要足够低才行。在比较不同量子计算机之间的优劣时，了解这些性能指标非常重要（图 8.1）。下面将介绍量子比特的实现方法。量子比特是量子计算机的硬件中最为重要的部分。

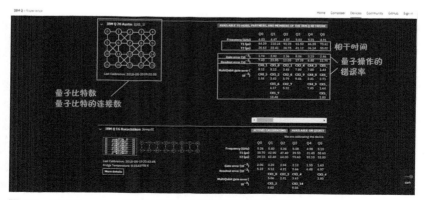

图 8.1　IBM Quantum 量子计算平台显示了 IBM Q 的规格

8.2 ‖ 量子比特的实现方法

　　我们该如何实现量子比特呢？众所周知，经典计算机是通过电子电路运转起来的。使用硅制半导体制成的名为晶体管的小元件发挥了开关的作用，将其与金属布线组合起来即可实现逻辑门，再将逻辑门集成起来就能制造出经典计算机。量子计算机的制造过程则要复杂许多，因为量子计算机既需要量子比特，又需要执行量子操作（图 8.2）。

　　在经典比特的情况下，由于只要将电压的高、低两种状态与 0 和 1 对应起来即可，所以通过常规的电子电路就能实现经典比特。逻辑门则可以通过由半导体制成的晶体管组合而成。电子电路内部通常用 0 V 电压表示状态 0，用 5 V 电压表示状态 1，由此即可制备出经典比特。利用晶体管来控制电压即可实现逻辑门。我们身边的计算机实际上就是通过这种方式制造出来的。

　　请大家回想一下量子比特所具备的波动性（概率振幅和相位）。量子比特的波动性来源于量子力学的性质。因此，我们必须使用量子力学的现象来制备量子比特，不能通过其他方法对其进行仿造。退一步说，就算我们使用量子力学现象以外的方法仿造出了量子比特，也无法利用它进行高效的量子计算，自然也就制造不出真正的量子计算机。

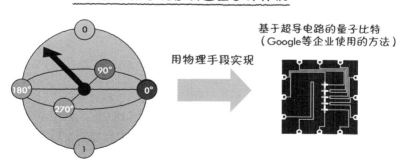

图 8.2　利用量子力学现象制造量子计算机

我们需要利用量子力学的状态（量子态）来制备量子比特，并通过控制量子态来实现量子化操作。量子态非常脆弱，在控制量子态时要避免使其遭到破坏。表 8.1 列出了主流的量子比特的实现方法及其概要，以及研究该方法的企业。

表 8.1 主流的实现方法

实现方法	概要	代表企业
超导电路	使用稀释制冷机将电子电路冷却至极低温度（约 10^{-2} K[①]）使其进入超导状态，由此实现量子比特。电子电路中使用了约瑟夫森元件。通过微波脉冲等手段进行量子门操作。	Google、IBM、Intel、Rigetti、Alibaba、D-Wave Systems
囚禁离子 / 超冷原子	使用离子阱（ion trap）和激光冷却技术对离子进行排列，由此实现量子比特（囚禁离子）。通过激光照射进行量子门操作。此外，还可以用磁场和激光冷却技术囚禁中性原子来实现量子比特（超冷原子）。	IonQ
半导体量子点	使用半导体纳米结构的量子点（quantum dot）束缚电子来实现量子比特。可以应用半导体集成技术。	Intel
金刚石氮空位中心	利用金刚石中氮空位缺陷（NV 色心）上的电子自旋和核自旋实现量子比特。其优势在于可以在常温下运转。	
光学量子计算	通过非经典光实现量子计算。目前正在研究使用连续变量和单光子的光学量子计算。基于测量的量子计算的应用也在研究之列。	XANADU
拓扑型	通过拓扑超导体实现马约拉纳费米子（Majorana fermion），由此实现具有较强抗噪性的量子比特。基于数学上的辫论执行量子计算。	Microsoft

以现有的科技水平实现大量量子比特和量子门可谓困难重重，因此全世界都在积极进行研发，实现量子比特的方法也多种多样。例如，我们可以通过冷却至仅有几毫开尔文的极低温度的超导电子电路来实现量子比特（绝对零度是 0 K，相当于 –273.15℃，1mK 仅比绝对零度高 0.001℃），也

---

① K（开尔文，简称开）是热力学温度的单位。——译者注

可以囚禁离子化的原子并用每个离子作为量子比特。除此以外，还有很多种实现量子比特的方法。表中"代表企业"一列空缺的方法是世界各地的大学等研究机构正在研发的方法。人们认为目前有望实现的是超导量子计算机和囚禁离子量子计算机。已经有多家研究机构在从事相关研发工作，其他方法也可能会在日后成为标准，现在各种方法的研究尚处于齐头并进的阶段。

8.3 || 超导电路

使用超导电路实现量子比特的方法能否成为量子计算机的主流技术呢？面对这一热点问题，IBM 和 Google 等大型科技企业开展了相关的研发工作。

8.3.1 使用超导电路实现量子比特

人们发现某些金属一旦冷却至极低温度后就会进入零电阻的超导状态。超导状态是一种只能用量子力学来解释的现象。由处于该状态的金属制成的电子电路（超导电路）会呈现出明显的量子性（能够在测量前保持具有波动性的叠加态），这就给量子比特的实现创造了条件。因此，通过超导电路能够实现 0 和 1 的叠加态。

曾就职于日本电气股份有限公司的中村泰信教授（现任教于东京大学）和蔡兆申教授（现任教于东京理科大学）等人于 1999 年在世界范围内首次使用超导电路实现了量子比特。当时，他们已经通过超导电路确认了量子比特的行为。自此以后，相关研究在全世界取得了长足的发展，相干时间（量子的寿命）已由最初的 1 纳秒跃升至现在的几十微秒（是原来的几万倍！）。

8.3.2 约瑟夫森结

在超导电路中，我们可以通过名为约瑟夫森结的结构来实现量子比特。约瑟夫森结是一种简单的夹心结构，两个超导体中间夹着一个绝缘层（图 8.3）。顾名思义，绝缘层通常是不导电的，但当绝缘层的厚度非常薄，薄到只有大约 1 纳米时，电子就会因自身的波动性穿过绝缘层（形成电流）。这就是所谓的隧穿效应。如果量子隧穿是在超导条件下实现的，就具备了量子比特所需的名为非线性的特性，进而实现超导量子比特。

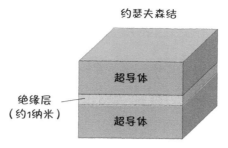

图 8.3　约瑟夫森结

超导电路主要由铝和铌等金属构成。为了进入超导状态，需要将集成了超导量子比特电路和控制电路的芯片（量子芯片）冷却至仅有几毫开的极低温度。为此，要将量子芯片放入一种特殊的制冷机（稀释制冷机）中使其运转。因为由超导电路实现的量子比特属于电路的一部分，所以我们还要在其周围安装各种控制电路才能从外部控制并读取量子态。

8.3.3　传输子和磁通量子比特

传输子（transmon）和**磁通量子比特**是两种较为典型的使用超导电路实现量子比特的方法。

◉传输子

在传输子中，约瑟夫森结的非线性特性使能级（energy level）的间距不再均匀，从而产生可用作量子比特的双态系统（two-state system）。该方法主要用于实现采用了量子电路模型的量子计算机，具有抗噪性强、相干时间长的优点，现阶段能够制备大约几十个量子比特。

◉磁通量子比特[1]

磁通量子比特利用带有约瑟夫森结的环状超导电路结构，通过电流在环状结构中顺时针和逆时针的流向实现了状态 0 和状态 1 的叠加态（图 8.4）。

---

[1]　在上述首个超导量子比特诞生后的第四年（2003 年），中村泰信等人又研发出了磁通量子比特。

该方法目前主要用于实现量子退火，虽然在相干时间上不如传输子，但 D-Wave Systems 公司现已利用该方法实现了约 2000 个量子比特。

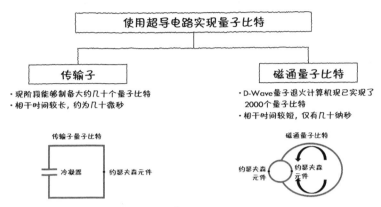

图 8.4　使用超导电路实现量子比特[①]

　　虽然量子比特数越多，所能执行的计算规模就越大，但我们不能直接从量子比特的数量上来比较量子电路模型和量子退火的优劣。研发量子电路模型的公司所实现的量子比特数，之所以比研发了量子退火的 D-Wave Systems 公司所实现的量子比特数少了两个数量级，是因为量子电路模型中使用的是传输子量子比特，而量子退火中使用的是磁通量子比特，二者本身的性能就有很大差异。相干时间是衡量量子比特性能的重要指标，是量子比特维持其量子力学性质的时间，我们可以把它看作量子比特的寿命。相较于量子计算所需的时间，相干时间越长，量子比特的性能就越好，计算能力也就越强。

　　如前所述，量子比特具有概率振幅和相位这两个性质的时间就是相干时间。相干时间过短会在计算期间引入噪声，导致计算精度下降。

　　目前，用于量子电路模型的传输子量子比特的相干时间约为几十微秒（10^{-6} 秒），而 D-Wave 机所采用的磁通量子比特的相干时间仅为几十纳秒（10^{-9} 秒）。

　　相对于操作量子门所需的时间，计算量子电路模型需要更长的相干时

[①]　引自《量子退火的硬件技术》一文。该文献暂无翻译版，原文信息见书末参考文献 [11]。

间。这是因为只有在相干时间内完成多个量子门的操作才能得到预期结果。对于量子退火，相干时间自然也是越长越好，但现实是计算时间远比现阶段的相干时间长（图 8.5）。因此，当前的研究方向是验证在计算时间远大于相干时间的情况下，我们是否依然可以以一定的精度获得稳定的计算结果，以及在超过相干时间后，剩余的计算时间中是否还存在量子效应 [①]。

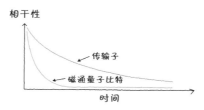

图 8.5　量子比特相干时间的示意图

8.3.4　通过 NISQ 证实量子霸权

　　截至 2019 年 5 月，研发超导量子计算机的几家领军企业包括 Google、IBM、Intel、Rigetti Computing 和 Alibaba 等。这些企业正与各家研究机构合作，共同研发采用传输子量子比特的量子计算机，其中的量子比特少则几个，多则几十个。当前的目标是研发出具有 50~100 个量子比特的 NISQ，并通过真机实现量子霸权（量子优越性）。量子霸权意味着对于某些计算，即使是当今性能最好的经典计算机（即超级计算机）也无法模拟其行为。为此，人们制定了一系列目标，例如用 50 个量子比特完成 40 次量子门操作且每次操作的错误率都低于 0.2%。此外，适用于 NISQ 的实用量子算法的研发工作也在稳步推进，人们对"实用的"量子计算机的期望与日俱增。

---

① 　引自西森秀稔、大关真之所著《量子退火的基础》，该书暂无中文版。

8.4 ‖ 囚禁离子和超冷原子

在利用超导电路实现量子比特的方法受到广泛关注的同时，其他实现方法的研究工作也在稳步进行。所有物质都是由原子组成的，原子又是由带正电荷的原子核和带负电荷的电子组成的。正负电荷数相等的原子称为中性原子，数量不相等的称为离子。人们已经掌握了利用激光和磁场在空间内囚禁中性原子和离子的技术，利用该技术可直接对作为量子比特使用的单个原子进行操作。

8.4.1 使用囚禁离子实现量子比特

利用激光和磁场在空间中囚禁离子并直接对其进行操作——研究人员最初就是通过这种方法来操作量子比特的。1995 年，来自美国的大卫·维因兰德（David Wineland）和克里斯托弗·门罗（Christopher Monroe）率团队使用离子充当两个量子比特完成了一项量子计算实验（图 8.6）。

维因兰德与来自法国的塞尔日·阿罗什（Serge Haroche）于 2012 年共同荣获诺贝尔物理学奖（阿罗什当时的研究课题是使用中性原子进行量子控制）。门罗成立了一家名为 IonQ 的新创企业，致力于实现囚禁离子型量子计算机。

大卫·维因兰德

克里斯托弗·门罗

图 8.6　致力于使用囚禁离子实现量子比特的研究者

利用电磁场在空间中囚禁离子的离子阱技术让汉斯·德默尔特（Hans G.Dehmel）和沃尔夫冈·保罗（Wolfgang Paul）获得了 1989 年的诺贝尔物理学奖，该项技术可用于质谱分析法（mass spectrometry）、磁场精确测量和原子钟等。此外，使用激光将离子冷却至极低温度的激光冷却技术也经过了长时间的研究，克洛德·科昂 – 唐努德日（Claude Cohen-Tannoudji）也因这项研究获得了 1997 年的诺贝尔物理学奖。

1995 年，伊格纳西奥·西拉克（Ignacio Cirac）和彼得·佐勒（Peter Zoller）提出了通过囚禁离子进行量子计算（实现作用于双量子比特的 CNOT 门）的构想，门罗和维因兰德随后通过实验实现了这一构想。

通过囚禁离子执行量子操作的方法是在空间内将囚禁起来的离子排列成行，然后向各离子单独照射激光。该方法具有全连接的特性，即通过整排离子的集体振动现象使任一离子都能与其他离子产生相互作用（图8.7）。新创企业 IonQ 正在通过将金属元素镱的阳离子囚禁到芯片状的设备中来实现量子计算机，目前已实现了几十个量子比特。

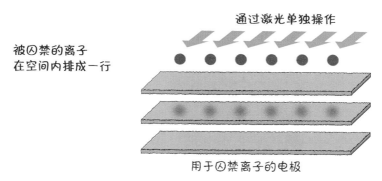

图 8.7 囚禁离子的方法

8.4.2 使用超冷中性原子实现量子比特

除了囚禁离子的方式，我们还可以使用其他方法实现量子比特。比如，将光子或原子用作量子比特（共振器 QED），即利用激光冷却技术将中性原子冷却后囚禁于能够将光锁住的共振器中，使光和原子发生强烈的相互作用；使用接近于离子状态（称为里德伯态）的中性原子，通过里德伯原子（Rydberg atom）或使用光学晶格进行量子模拟等方式来实现量子比特（图 8.8）。

◉ 共振器 QED

QED 是 Quantum Electro-Dynamics 的缩写，意为量子电动力学。两个面对面放置的反射镜可构成能够将光锁住的共振器，若再将经由激光冷却的原子囚禁于这两个反射镜之间，则又可引发光和原子的量子相互作用。利用这套机制即可使原子的状态与量子比特对应起来，并通过光来完成量子操作。

◉ 里德伯原子

里德伯态是指电子在远离原子核的位置绕原子核旋转的状态。只要使原子处于该状态，就可以产生显著的量子相互作用。研究人员正在使用处于该状态的原子执行量子操作，以此来实际进行量子模拟。

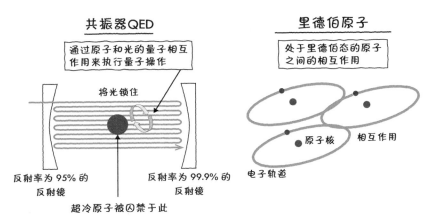

图 8.8 使用超冷中性原子实现量子比特

◉利用光学晶格进行量子模拟

在利用光学晶格进行量子模拟时，我们要先将原子放入形如鸡蛋包装盒的原子容器（光学晶格）中，每个晶格放置一个原子，然后从不同角度射入多束激光。入射的多束激光产生的干涉效应会引起原子间的相互作用，进而达到模拟量子系统的目的。

8.5 半导体量子点

随着（经典）计算机长久以来的发展，晶体管制造技术，特别是硅的精细加工、集成技术越发精湛。使用硅和砷化镓等半导体材料实现量子比特的方法（半导体量子点）有望充分利用这一技术。1998 年出现了使用半导体量子点制造量子计算机的构想，在 2006～2011 年，研究人员已经能使用该方法实现量子比特和量子门操作了。当前，研究人员正在研发以较高的精度控制多个量子比特的方法。

量子点（quantum dot）是一个通过在固体中将一个电子与外部隔离来消除其他电子对该电子的影响的机制。类似于超导电路需要极低的温度才能工作，被隔离的电子也只有冷却至极低的温度才能实现稳定的量子比特。有资料表明，使用半导体来制造量子点，并利用电子自旋的性质来制备量子比特是一种行之有效的方法。将两种半导体〔例如 GaAs（砷化镓）和 AlGaAs（砷化铝镓）〕的表面贴在一起，电子就会在此接触面上自由移动。如果在半导体上安装上电极，那么电磁场产生的电势就可以将电子束缚住，使电子无法脱离接触面（图 8.9）。这样一来，我们就可以通过其他安装在半导体周围的电极，控制并读取被束缚的电子的状态，从而达到操作量子比特的目的。Intel 公司除了参与超导电路的研发，还参与了该方法的研发。这也引起了人们对该方法的关注。

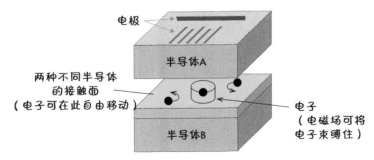

图 8.9 硅自旋

8.6 ‖ 金刚石氮空位中心

笔者曾在上一节中提到，半导体量子点必须冷却至极低温度才能工作，而如果使用本节将要介绍的金刚石氮空位中心的方法，即使在室温下，我们也能够制备量子比特。金刚石（碳晶体）是一种碳原子规则排列的非常坚硬（稳定）的晶体结构。若用氮原子取代碳原子，将其放置在碳原子本该出现的位置上，与这个氮原子相邻的位置就会形成既没有碳原子也没有氮原子的空位。这种点缺陷称为**氮空位中心**。由此，我们便可使用电子自旋和核自旋实现即使在室温下也依然稳定的量子比特（图 8.10）。另外，氮空位中心的出现会使金刚石呈现出紫色或粉红色。

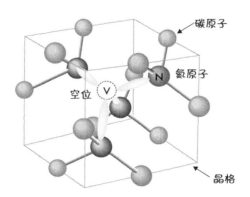

图 8.10　金刚石氮空位中心

金刚石氮空位中心能够在室温下长时间保持量子态，并有望应用于面向量子通信的量子存储器和量子中继器（quantum repeater）。在交换量子信息的量子通信领域，研究人员正在进行量子加密技术的研发工作，并开展了一系列演示实验，旨在将其实用化。目前，各国都在研究地面上的甚至是太空中的量子通信技术，并期待量子通信技术能够先于量子计算机投入实际使用，不过，本书暂不涉及包括量子加密在内的量子通信技术的详细内容。总之，金刚石氮空位中心的方法作为量子通信技术中的重要基础技术，不仅能用于制备量子比特，还能用于制造量子存储器和量子中继器，自然受到广泛关注。

此外，该方法还有望用于制造高灵敏度的量子传感器来捕获磁场等的微小变化，全世界也正在进行相关研究。

8.7 使用光实现量子比特

除上述超导电路和原子以外,我们还可以使用"光"本身(例如激光)来充当量子比特。该方法可以在室温下进行,并有望通过与名为硅光子学(silicon photonics)的光波导(optical waveguide)芯片制造技术和光纤等光通信技术相结合来实现量子计算机。

8.7.1 使用光子进行量子计算

在量子力学中,光既是波又是粒子。光的粒子性体现在我们可以将光视作光子这种粒子上。目前,研究人员正在研究将光子作为量子比特使用的方法。该方法之所以受到广泛关注,是因为光子本身就是微弱的光,使用光子的量子计算机既可以在室温下运行,又与光纤通信具有良好的兼容性。在将光子作为量子比特使用的方法中,发射单个光子的光源(单光子源)不可或缺,但实现高效的单光子源并非易事,相关的研究仍在进行。对于从单光子源发出的光子,我们可以使用光的振动方向(偏振)来充当量子比特,并通过将其输入光量子电路中来执行量子操作,以此实现量子计算。下面介绍两种主要的量子操作方法。

◉ 线性光学法

该方法利用光子操作和光子探测器的非线性特性实现了量子计算,其中的光子操作环节可交由能透射部分光的透镜(分束器)和移相器等线性光学元件来完成。虽然其中某些操作可能不会被执行,但我们可以通过集成隐形传态电路来实现通用量子计算。

◉ 使用共振器 QED 的方法

该方法利用线性光学元件和 8.4.3 节介绍的共振器 QED 来进行光子的量子操作。具体来说,该方法可通过线性光学元件执行单量子比特门操作,通过线性光学元件与共振器中原子的相互作用进行高效的双量子比特门操作,进而提升量子计算的效率(图 8.11)。

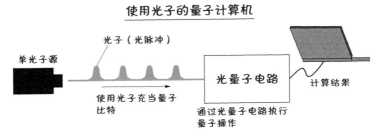

图 8.11 使用光子的量子计算机

8.7.2 使用连续变量的量子计算

通过压缩光（squeezed light）这种特殊的光也能实现量子比特（图 8.12）。与普通的激光（相干光）相比，压缩光能够改变电场的涨落并维持特殊的光子数分布，可以说是一种使量子性得到增强的光的状态。压缩光可由入射在特殊晶体上的激光产生。不同于前面介绍过的线性光学法和使用共振器 QED 的方法，利用压缩光可以执行连续变量量子计算，是另一种使用光子量子比特执行量子计算的方式。该方法通过"光的状态"实现与连续变量量子计算的量子比特相对应的"量子模式"，通过使光的状态逐一发生改变的操作来执行量子计算。目前，东京大学古泽明教授的团队和加拿大的新创企业 XANADU 正在研究该方法。

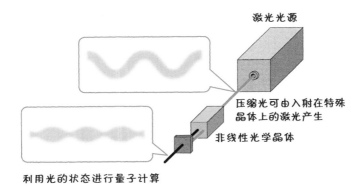

图 8.12 使用光实现量子比特

8.8 ‖ 拓扑超导体

拓扑量子计算的方法采用了与量子电路模型在计算量上等价的量子计算模型（请参考第 119 页的专栏）。该方法使用名为"编织"的数学理论进行量子计算，实现手段之一是使用名为**马约拉纳费米子**的粒子。研究人员期望能够通过**拓扑超导体**制备出这种粒子（图 8.13）。

通过拓扑超导体实现量子计算机的方式有望能够在抗噪性上有所突破。Microsoft 公司正致力于该方法的研发。

Microsoft 公司正在研究如何通过将超细导线（纳米线）接入超导体来实现拓扑超导体，并以此进行拓扑量子计算。有关该方法的研究尚处于起步阶段，真正实现起来可能会面临重重困难。

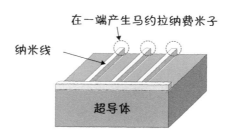

图 8.13　拓扑超导体的示意图

‖ **专 栏**

纯态和混态

在学习量子计算机的初期阶段，我们常会遇到"纯态"（pure state）和"混态"（mixed state）这两个术语。在排查量子计算机的错误时，混态的概念格外重要。此外，掌握这两个关键的术语还有助于加深对量子比特叠加态的理解。下面，我们就来看看纯态和混态的概念。

■ **纯态**

　　前文介绍过的那些量子比特的状态就是典型的纯态。之所以称之为纯态，是因为量子比特的状态是纯粹的量子态。如前文所述，一个纯态的量子比特可以用复数（复振幅）α 和复数 β 来表示，这两个复数绝对值的平方均表示概率。这两个复数各自表示一列波，波的振幅称为概率振幅。这里的概率振幅是量子力学特有的概率，我们称之为量子概率（图 8.14 左）。

■ **混态**

　　我们在日常生活中经常会与概率打交道，比如掷骰子或抛硬币时就会涉及概率。此时的概率与量子力学无关，我们姑且称之为经典概率（图 8.14 右）。涉及经典概率的情况就是所谓的混态。

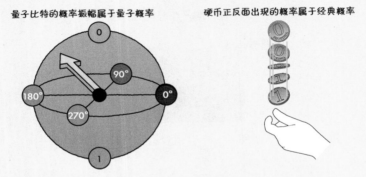

量子比特的概率振幅属于量子概率　　硬币正反面出现的概率属于经典概率

图 8.14　量子概率和经典概率

　　如前所述，在量子力学中，实际上存在量子概率和经典概率两种概率。这可能会让初学者感到困惑。不要担心，下面笔者就来举例说明这两种概率的区别。

■ **纯态和混态的区别**

　　如图 8.15 所示，A 和 B 二人正在玩"猜猜盒子里有什么"的游戏。A 先将一个量子比特放入盒子里，然后问 B 盒子里的量子比特是 0 还是 1。

第一种情况是 A 将一个处于 0 和 1 概率均等的叠加态的量子比特放入盒子中。该量子比特属于纯态，只有经过测量才能知道量子概率是 0 还是 1。也就是说，在测量前，A 和 B 都不知道到底会出现 0 还是 1。

第二种情况是 A 在 |0〉和 |1〉之间随机选择一个量子比特放入盒子中。假设 A 将确定为状态 |1〉的量子比特放入盒子中。此时，A 能够确定出现的一定是 1，但 B 还是无法确定到底会出现 0 还是 1。这种情况对 A 而言是纯态，对 B 而言是有关经典概率的混态，因为 B 并不知道 A 最初将哪种状态的量子比特放到了盒子中。

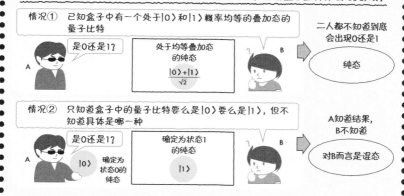

图 8.15　纯态和混态

从 B 的角度来看，尽管在这两种情况下得到 0 和 1 的概率都是 50%，但在量子力学中，还是需要区分量子概率和经典概率的。下面再通过一个简单的示例来解释为什么需要区分这两种概率。

■ 经典概率中不存在干涉效应

假设盒子中有一个与情况②类似的在经典概率上非 0 即 1 的概率比特。我们将某个门，例如 H 门，作用于该概率比特。这样一来，盒子中无论是 |0〉还是 |1〉，都会在 H 门的作用下，变为 |0〉和 |1〉的概率均等的叠加态（通过 H 门后 |1〉的相位会反转）。如

果此时在计算基态上进行测量，无论在施加 H 门之前盒子中的量子比特是 $|0\rangle$ 还是 $|1\rangle$，得到 $|0\rangle$ 和 $|1\rangle$ 的概率都是 50%。

另外，如果向具有量子概率的处于叠加态的量子比特（情况①）施加 H 门，由于先后施加两次 H 门后得到的还是原来的量子比特，所以相位一致的概率均等的叠加态将变为状态 $|0\rangle$。因此，若在计算基态上对该量子比特进行测量，得到的一定是 $|0\rangle$。我们可以认为这是因为在量子比特干涉效应的作用下，出现 $|1\rangle$ 的量子概率（概率振幅）已经因相消干涉而被抵消掉了。

总之，如果将具有经典概率的概率比特用于量子计算，量子计算就会因为缺少干涉效应而无法正确执行。

要想在量子计算中利用量子比特特有的量子概率这一特征，就必须要用纯态占比极高的量子比特。因此，无论是尝试创建具有经典概率的概率比特，还是对量子比特进行模拟的方法，都无法执行真正的量子计算。

■ 退相干

具有量子概率的量子比特（纯态）变为经典概率（混态）的过程称为退相干。从可干涉性的意义上来看，相干是指"干涉"，即依然保留波的性质。量子比特能够保持相干的时间称为相干时间，不再保持相干称为退相干。相干时间是量子比特的寿命，会一直持续到外界噪声导致退相干发生的那一刻，此时纯态遭到破坏变为混态。另外，如果可以通过量子纠错来校正退相干所引发的错误，延长在纠错码保护之下的量子比特的相干时间，确保量子计算能够完成，就可以实现容错量子计算。

量子计算机的计算方法小结

最后，我们来总结一下量子计算的方法。量子电路模型和量子退火中的量子计算的流程如图 8.16 所示。

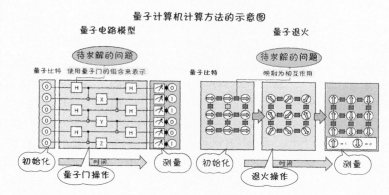

图 8.16　量子计算机的计算方法

上图展示了 1.2.1 节中介绍的操作量子计算机的三个基本步骤（初始化量子比特，量子化操作和读取计算结果）。无论是量子电路模型还是量子退火，我们都要先制备量子比特并对其进行初始化。量子电路模型通常会将所有量子比特都初始化为状态 0；量子退火则会通过横向磁场将所有量子比特初始化为 0 和 1 各占 50% 的状态。初始化完成后，就可以通过对量子比特施加量子门操作或退火操作来执行计算了。此时若使用的是量子门，则要用量子门的组合来表示待求解的问题；若使用的是量子退火，则需要将待求解问题映射为最初设置的量子比特之间的相互作用。最后，通过测量量子比特的状态即可读取计算结果。

后记

感谢您读完本书。请允许笔者在此简述一下写作本书之前的个人经历。

笔者在读研究生期间选修了细谷晓夫教授的量子信息课程，对量子计算机产生了浓厚的兴趣。当时，笔者阅读了由竹内繁树教授编写的《量子计算机超级并行计算的机制》[①]，这本书给那时还是菜鸟的自己带来的打击至今都难以忘怀。参加工作后，笔者于 2013 年 10 月牵头成立了量子信息学习小组，开始一点一滴地学习量子计算机。在 2015 年左右，新闻中出现了有关 D-Wave Systems、IBM 和 Google 公司正在研发量子计算机的报道，与此同时笔者开始在翔泳社的网络媒体 CodeZine 上连载"写给 IT 工程师的量子计算机入门知识"。此后，笔者又作为嘉宾在翔泳社主办的 Developers Summit 2018 峰会上发表演讲，那次演讲也成为笔者撰写本书的契机。2017 年 6 月，笔者参加了 MDR 公司（后更名为 blueqat 公司）主办的研讨会，并与 MDR 的凑老师和加藤老师，以及 OpenQL 项目的山崎老师等一众与会人员进行交流。研讨会拓宽了笔者的知识面，也使本书的内容更加丰富——除量子电路模型之外，本书还涉及量子退火、量子计算机的软件和硬件等内容。

最后，非常感谢翔泳社的近藤老师给予笔者在 CodeZine 上连载文章的机会，也感谢 OpenQL 项目的山崎老师为本书提供宝贵的建议。本书得以顺利完成还离不开 OpenQL/MDR 研讨会的成员以及加藤老师、久保老师和门间老师等量子信息学习小组成员的帮助。此外，还要感谢以日立制作所研发小组光学信息处理研究部的星泽部长为首的研究部各位同仁的支持。最后，对翔泳社的绿川老师和主编德永老师为本书付出的巨大努力表示由衷感谢。

宇津木健

2019 年 6 月吉日

---

① 原书名为『量子コンピュータ超並列計算のからくり』。该书暂无中文版，书末提到的量子计算机相关图书中有相关介绍。——译者注

参考文献

[1]   Scott McCartney. Eniac:The Triumphs and Tragedies of the World's First Computer[M]. New York: Walker & Co, 1999.

[2]   Richard P. Feynman. Feynman Lectures On Computation[M]. Boca Raton:CRC Press, 2000.

[3]   John Gribbin. Computing with Quantum Cats: From Colossus to Qubits[M]. New York: Prometheus Books, 2014.

[4]   古田彩. 二人の悪魔と多数の宇宙：量子コンピュータの起源 [J]. 日本物理学会誌, 2004, 59(8)：512-519.

[5]   兰斯·福特诺. 可能与不可能的边界：P/NP 问题趣史 [M]. 杨帆, 译. 北京：人民邮电出版社, 2013.

[6]   森前智行. 量子計算理論 量子コンピュータの原理 [M]. 東京：森北出版, 2017.

[7]   Colin Bruce. Schrodinger's Rabbits: Entering The Many Worlds Of Quantum[M]. Washington, D.C: Joseph Henry Press, 2004.

[8]   田中宗他, 棚橋耕太郎, 本橋智光, 高柳慎一. 量子アニーリングの基礎と応用事例の現状 [J]. 低温工学, 2018, 53(5)：287-294.

[9]   川畑史郎. 量子コンピュータと量子アニーリングマシンの最新研究動向 [J]. 低温工学, 2018, 53(5)：271-277.

[10] 大関真之. 量子アニーリングによる組合せ最適化 [J]. OR 学会, 2018, 63(6)：326-334.

[11] 川畑史郎. 量子アニーリングのためのハードウェア技術. [J]. OR 学会, 2018, 63(6)：335-341

[12] Vasil S. Denchev, et al. What is the computational value of finite-range tunneling[J]. Physical   Review X 6.3, 2016, 031015.

量子计算机相关图书

[1] 竹内繁樹. 量子コンピュータ — 超並列計算のからくり [M]. 東京：講談社, 2005.

　　　这本书以通俗易懂的语言讲解了量子计算机的基础知识。本书第3章至第6章参考了该书的内容。

[2] 西野哲朗. 図解雑学 量子コンピュータ [M]. 東京：ナツメ社, 2007.

　　　这本书以图解的形式分主题讲解了量子计算机的基础知识。

[3] Michael A. Nielsen, Isaac L. Chuang. Quantum Computation and Quantum Information[M]. Cambridge: Cambridge University Press, 2010.

　　　量子计算机的经典教材，书中涵盖了各种重要的概念。

[4] 宮野健次郎, 古澤明. 量子コンピュータ入門（第2版）[M]. 東京：日本評論社, 2016.

　　　实用的入门级教材，书中主要讲解了量子电路和量子算法。

[5] 中山茂. 量子アルゴリズム [M]. 東京：技報堂出版, 2014.

　　　这本书囊括了基础量子算法的教材。

[6] 森前智行. 量子計算理論 量子コンピュータの原理 [M]. 東京：森北出版, 2017.

　　　书中涵盖了大量揭示量子计算机本质的重要内容，计算量理论等专业内容占了大量篇幅。

[7] 小柴健史, 藤井啓祐, 森前智行. 観測に基づく量子計算 [M]. 東京：コロナ社, 2017.

　　　有关基于测量的量子计算的专著。书中还讲解了量子纠错和基于测量的拓扑量子计算等内容。

[8] 西森秀稔, 大関真之. 量子计算机简史 [M]. 姜婧, 译. 成都：四川人民出版社, 2020.

　　　介绍量子退火的科普读物。

[9] 西森秀稔, 大関真之. 量子アニーリングの基礎（基本法則から読み解く物理学最前線18）[M]. 東京：共立出版, 2018.

　　　有关量子退火的专著。

[10] 穴井宏和, 斎藤努. 今日から使える組合せ最適化 離散問題ガイドブック [M]. 東京: 講談社, 2015.

主要介绍了组合优化的相关内容。本书第 7 章参考了该书的内容。

[11] Colin Bruce. Schrodinger's Rabbits: Entering The Many Worlds Of Quantum[M]. Washington, D.C: Joseph Henry Press, 2004.

这本书详细介绍了"测量"这一量子力学中的重要概念。

[12] 神永正博. 現代暗号入門 いかにして秘密は守られるのか [M]. 東京: 講談社, 2017.

这本书讲解了目前人们使用的加密技术。

[13] 石坂智, 小川朋宏, 河内亮周, 木村元, 林正人. 量子情報科学入門 [M]. 東京: 共立出版, 2012.

日本研究者编纂的教材,涵盖了有关量子信息理论的详细内容。

[14] 占部伸二. 個別量子系の物理 - イオントラップと量子情報処理 -[M]. 東京: 朝倉書店, 2017.

这本教材介绍了离子阱量子计算机。

[15] 日経サイエンス社 日経サイエンス [G]. 東京: 日本経済新聞社.

《日经科学》中多次刊登了有关量子计算机的内容。本书参考了该刊中的如下文章:2016 年 8 月刊《量子计算机》、2018 年 2 月刊《日本版"量子"计算机》、2018 年 4 月刊《走进美国量子计算机研发最前沿》、2019 年 2 月刊《最终对决:证实量子纠缠》。

版 权 声 明